高等职业教育建筑类专业系列教材

工程招投标与合同管理

禹贵香　李玉洁　编

机 械 工 业 出 版 社

本书突出职业技术教育特点，采用现行工程招投标与合同管理的相关国家法规，按照工作流程进行编写。本书通过案例巩固知识点，同时加入了职业实训。本书的这种编排使得教师在教学时理论直观明了、内容丰富充实；使得学生学与练同步，从而更为透彻地理解理论知识在工程中的应用。本书共8章，内容包括：第1章 工程招投标概述；第2章 建设工程招标；第3章 建设工程投标；第4章 建设工程开标、评标与定标；第5章 建设工程施工合同；第6章 建设工程施工合同管理；第7章 建设工程施工索赔；第8章 FIDIC施工合同条件。

本书可以作为高职高专院校土建类相关专业的教材，也可作为建设单位及政府主管部门从事建设工程招投标与合同管理工作的人员参考用书。

为方便教学，本书配有电子课件，凡选用本书作为授课教材的教师均可登录www.cmpedu.com，以教师身份免费注册下载。编辑咨询电话：010-88379373。机工社职教建筑QQ群：221010660。

图书在版编目（CIP）数据

工程招投标与合同管理/禹贵香，李玉洁编．—北京：机械工业出版社，2020.7（2023.1重印）

高等职业教育建筑类专业系列教材

ISBN 978-7-111-65408-7

Ⅰ.①工… Ⅱ.①禹…②李… Ⅲ.①建筑工程－招标－高等职业教育－教材②建筑工程－投标－高等职业教育－教材③建筑工程－经济合同－管理－高等职业教育－教材 Ⅳ.①TU723

中国版本图书馆CIP数据核字（2020）第065601号

机械工业出版社（北京市百万庄大街22号 邮政编码100037）

策划编辑：陈紫青　　责任编辑：陈紫青　於　薇

责任校对：张　征　梁　静　封面设计：马精明

责任印制：单爱军

北京虎彩文化传播有限公司印刷

2023年1月第1版第3次印刷

184mm×260mm·11印张·267千字

标准书号：ISBN 978-7-111-65408-7

定价：39.80元

电话服务　　网络服务

客服电话：010-88361066　机　工　官　网：www.cmpbook.com

010-88379833　机　工　官　博：weibo.com/cmp1952

010-68326294　金　书　网：www.golden-book.com

　机工教育服务网：www.cmpedu.com

前言

高等职业教育是高等教育的重要组成部分，目的是培养适应生产、建设、管理、服务等一线工作的技术应用型人才。本书适应现代职业教育能力培养的要求，结合招投标与合同发展的前沿问题，从学生的实际情况出发，突出了实践性和综合性。教材编写在力求做到保证知识的系统性和完整性的前提下，每章提供了丰富的练习题，让学生通过练习来强化自身的专业技能。

本书共8章，第1章介绍了工程招投标概述，第2~7章分别介绍了建设工程招投标、开标、评标、定标、合同、施工合同管理以及施工索赔，第8章介绍了FIDIC施工合同条件。

本书强调针对性和实用性，指引学生了解建筑工程招投标的基本知识；通过工程案例及课后习题，强化知识体系的建立和工程实践能力的培养。

本书由重庆能源职业学院禹贵香、李玉洁编写。在本书编写过程中，编者参考了国内外同类教材和相关资料，在此表示深深的谢意！

由于编者水平有限，书中难免有错漏之处，恳请各位读者批评指正，不胜感激！

编　者

目　录

第 1 章

工程招投标概述

1.1 建设工程承发包

1.1.1 建设工程承发包的概念

承发包是一种商业交易行为，也是一种经营方式，是指交易的一方负责为交易的另一方完成某项工作或供应一批货物，并按照一定的价格取得相应报酬的一种交易。委托任务并负责支付报酬的一方称为发包方，接受任务并按时完成而取得报酬的一方称为承包方。

建设工程承发包是指发包方通过合同委托承包方为其完成某一工程建设过程各阶段的全部或部分工作的交易行为。工程发包方一般为建设单位或工程总承包单位；工程承包方一般为工程勘察设计单位、施工单位、工程设备供应单位、设备安装制造单位等。双方在平等互利的基础上签订承包合同，明确各自的经济责任、权利和义务，以保证工程任务在合同造价内按期、按质、按量、全面地完成。

1.1.2 建设工程承发包的内容

建设工程承发包的内容包含了整个建设过程各个阶段的全部工作。对于一个承包单位来说，承包内容可以是建设过程的全部工作，也可以是某一阶段的全部或部分工作。

1. 项目建议书

项目建议书是建设单位向国家有关主管部门提出要求建设某一项目的建议性文件，主要内容为项目的性质、用途、基本内容、建设规模，及项目的必要性和可行性分析等。从宏观上论述项目投资的必要性和可行性，供项目审批机关做出初步的决策，为下一步的可行性研究打下基础。项目建议书可由建设单位自行编制，也可以委托工程咨询机构代为编制。

2. 可行性研究

项目建议书经批准后，应进行项目的可行性研究。可行性研究是从系统总体出发，对拟建项目的市场需求、资源条件、厂址方案、拟建规模、生产方式、设备选型、环境保护、资金筹措等，从技术和经济两方面进行详尽的调查研究、分析计算和方案比较，并对该项目建成后可能取得的技术效果和经济效益进行预测，从而提出该项工程是否值得投资建设和如何建设的意见，为投资决策提供可靠的依据。可行性研究报告一般都由专业的投资咨询机构进行编制，建设单位自行编制的较少。

3. 勘察、设计

勘察、设计是两个不同阶段的不同工作。勘察是查明工程项目建设地点的地貌、地质结构、水文条件等自然地质条件，为项目选址、工程设计和施工提供科学的依据；设计是从技术和经济上对拟建项目进行全面规划。大中型项目一般采用两阶段设计，即初步设计和施工图设计；重大型项目和特殊项目采用三阶段设计，即初步设计、技术设计和施工图设计。上述两项工作都要委托有资质的勘察、设计单位来完成。

4. 材料、设备的采购供应

建设项目所需的设备和材料涉及面广、品种多、数量大。设备和材料采购供应是工程建设过程中的重要环节。根据设计方案的需要，可以通过公开招标、询价报价和直接采购的方式决定材料、设备的供应单位和供应方式，从而完成发包和承包工作。

5. 建筑安装工程施工

建筑安装工程施工是为新建、扩建、改建建筑物及构筑物所进行的施工工作，是使设计图纸付诸实施的阶段。此阶段主要采用招投标的方式进行工程的承包和发包。

6. 建设工程监理

建设工程监理是指具有相关资质的监理单位接受建设单位的委托，对建设项目的可行性研究、勘察设计、设备及材料采购供应、工程施工、生产准备直至竣工验收，实行全过程监督管理或阶段监督管理。该项工作要发包给具备监理资质的监理单位来承担。

7. 生产职工培训

为使新建设项目建成并交付使用后能尽快投入生产，在建设期间就要培养出合格的生产技术工人和配套的管理人员，因此需要组织生产职工培训。这项工作通常由项目总承包单位或者专门的培训公司来完成。

1.1.3 建设工程承发包的方式

建设工程承发包的方式，是指发包方与承包方之间的经济关系形式。建设工程承发包的方式是多种多样的，从承发包的范围、合同计价方法、承包方所处的地位、获取承包任务的途径等不同的角度，可以对建设工程承发包方式进行分类，如图1-1所示。

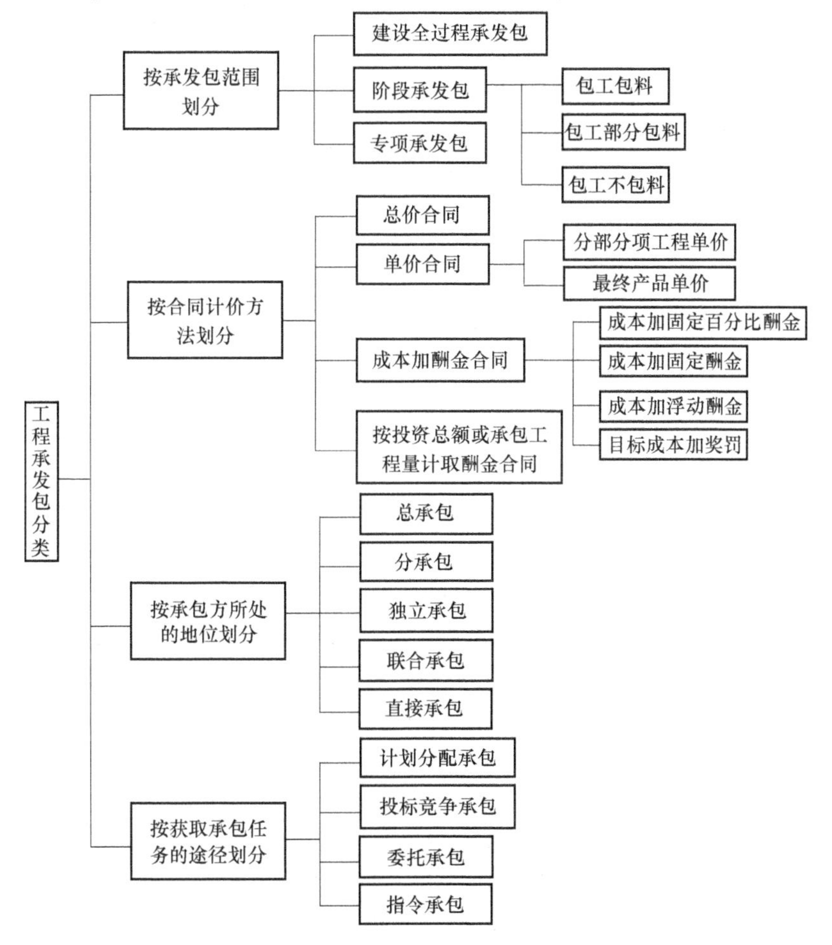

图1-1 建设工程承发包方式

1. 按承发包的范围划分

建设工程承发包方式按承发包的范围可以分为建设全过程承发包、阶段承发包、专项承发包3种。

(1) 建设全过程承发包　建设全过程承发包又叫统包、一揽子承包、交钥匙工程，主要适用于大中型建设项目。它是指发包方一般只要提出使用要求、竣工期限或对其他重大决策性问题做出决定，承包方就可对项目建议书、可行性研究、勘察设计、材料设备采购、建筑安装工程施工、职工培训、竣工验收，直到投产使用和建设后评估等全过程实行全面总承包，并负责对各项分包任务进行统一的组织、协调和管理。

(2) 阶段承发包　阶段承发包是指承发包方就建设过程中某一阶段或某些阶段的工作(如可行性研究、勘察、设计、施工、材料设备供应等) 进行发包承包。例如由设计机构承担勘察设计，由施工企业承担工业与民用建筑施工，由设备安装公司承担设备安装任务。其中，施工阶段的承发包还可依承发包的具体内容不同细分为以下3种方式：

1) 包工包料。包工包料即工程施工所用的全部人工和材料均由承包方负责，这是国际上采用得较为普遍的施工承包方式。其优点是：便于调剂余缺，合理组织供应，加快工程的建设速度，促进施工企业加强其管理的力度，减少不必要的损失和浪费，从而有利于合理使用材料，降低工程造价，减轻建设单位的负担。

2) 包工部分包料。包工部分包料即承包方只负责提供施工所需的全部人工和一部分材料，其余部分材料由建设单位或总承包单位负责供应。

3) 包工不包料。包工不包料又称包清工，实质上是劳务承包，即承包方仅提供劳务而不承担供应任何材料的义务。

(3) 专项承发包　专项承发包针对专业性较强的项目，是指发包方和承包方就某建设阶段中的一个或几个专门项目进行发包承包。由于一些项目的专业性强，多由相关的专业承包单位承包，所以专项承发包也称为专业承发包。

专项承发包主要适用于可行性研究阶段的辅助研究项目；勘察设计阶段的工程地质勘察、供水水源勘察，基础或结构工程设计、工艺设计，供电系统、空调系统及防灾系统的设计；施工阶段的深基础施工、金属结构制作和安装、通风设备和电梯安装；建设准备阶段的设备选购和生产技术人员培训等专门项目。

2. 按合同计价方法划分

建设工程承发包方式可以分为总价合同、单价合同、成本加酬金合同、按投资总额或承包工程量计取酬金合同4种。

(1) 总价合同　总价合同是指根据合同规定的工程施工内容和有关条件，业主应付给承包商的款额是一个规定的金额，即明确的总价。总价合同也称为总价包干合同，即根据施工招标时的要求和条件，当施工内容和有关条件不发生变化时，业主付给承包商的价款总额就不发生变化。

总价合同又分为固定总价合同和变动总价合同两种。

固定总价合同的价格计算是以图纸及规定、规范为基础，工程任务和内容明确，业主的要求和条件清楚，合同总价一次包死、固定不变，即不再因为环境的变化和工程量的增减而变化。在这类合同中，承包方承担了全部的工作量和价格的风险。因此，承包方在报价时应对一切费用的价格变动因素以及不可预见因素都进行充分的估计，并将其包含在合同价格之中。一般适用于工程量小、工期短，在施工过程中环境因素变化小，工程条件稳定且合理的情况；工程设计详细，图纸完整且清楚，工程任务和范围明确的情况；工程结构和技术简单，风险小的情况；投标期相对宽裕，承包方可以有充足的时间详细考察现场，复核工程量，分析招标文件、拟订施工计划的情况。

变动总价合同又称为可调总价合同，合同价格是以图纸及规定、规范为基础，按照时价进行计算，从而得到包括全部工程任务和内容的暂定合同价格。它是一种相对固定的价格，在合同执行过程中，由于通货膨胀等原因而导致使用的人工、材料成本增加时，可以按照合同约定对合同总价进行相应的调整。此外，由设计变更、工程量变化或其他工程条件变化所引起的费用变化一般也可以进行调整。

（2）单价合同　单价合同是指整个合同期内执行某个单价，而工程量则按实际完成的数量进行计算。该类合同大多用于工期长、技术复杂、实施过程中各种不可预见因素较多的大型土建工程，以及业主为了缩短工程建设周期，初步设计完成后进行施工招标的工程。

单价合同也分固定单价合同和可调单价合同。

由于在固定单价合同条件下，无论发生哪些影响价格的情况都不对单价进行调整，因而对承包方而言就存在一定的风险。固定单价合同具体包括以下两种类型：

1）按分部分项工程固定单价，即由发包方列出分部分项工程的名称和计量单位，由承包方逐项填报单价，双方磋商确定承包单价，如挖土方每立方米单价、浇筑混凝土每立方米单价，然后签订合同，并根据实际完成的工程数量按此单价结算工程价款。这种承包方式主要适用于在没有施工图、工程量不明的情况下即需开工的紧急工程。

2）按最终产品固定单价，即按每平方米住宅、每平方米道路等最终产品的单价承包，其报价方式与按分部分项工程单价承包相同。这种承包方式通常适用于采用标准设计的住宅、学校宿舍和通用厂房等房屋建筑工程。

当采用变动单价合同时，合同双方可以约定一个估计的工程量，当实际工程量发生较大变化时可以对单价进行调整，同时还应该约定如何对单价进行调整；当然也可以约定当通货膨胀达到一定水平或者国家政策发生变化时，可以对哪些工程内容的单价进行调整以及如何调整等。因此，承包方的风险就相对较小。

（3）成本加酬金合同　成本加酬金合同，是指除按工程实际发生的成本结算外，发包方另加上商定好的一笔酬金（管理费和利润）支付给承包方的一种承发包方式。这种承包方式适用于工程特别复杂，工程技术、结构方案不能预先确定，或者尽管可以确定工程技术和结构方案，但是不可能进行竞争性招标活动并以总价合同或单价合同的形式确定承包方，如研究开发性质的工程项目；还适用于时间特别紧迫，如抢险、救灾工程等来不及进行详细计划和商谈的工程项目。

成本加酬金合同的主要形式有成本加固定百分比酬金合同、成本加固定酬金合同、成本加浮动酬金合同以及目标成本加奖罚合同。

（4）按投资总额或承包工程量计取酬金的合同　这种方式主要适用于可行性研究、勘察设计和材料设备采购供应等承包业务。例如，承包可行性研究的计费方法通常是根据委托方的要求和所提供的资料情况，拟定工作内容，估计完成任务所需各类专业人员的数量和工作时间，据此计算工资、差旅费和其他各项开支，再加上企业总管理费，汇总即可得出承包费用总额。勘察费的计算方法是按完成的工作量和相应的费用定额计取。

3. 按承包方所处的地位划分

在工程承包中，一个建设项目往往有不止一个承包单位，不同承包单位之间、承包单位与建设单位之间的关系与地位不同，就形成了不同的承发包方式。

（1）总承包　总承包简称总包，是指发包方将一个建设项目的建设全过程或其中某个、某几个阶段的全部工作发包给一个承包方承包。该承包方可以将自己承包范围内的若干专业性工作再分包给不同的专业承包方去完成，并对其进行统一协调和监督管理。各专业承包方只同总承包方发生直接关系，而不与发包方发生直接关系。根据承包范围的不同，总承包通常又分为工程总承包和施工总承包两大类。

工程总承包是指从事工程总承包的企业受建设单位的委托，按照工程总承包合同的约定对建设项目的勘察、设计、采购、施工、试运行（竣工验收）等实行全过程或若干阶段的承包。常用的工程总承包模式有以下几种：

1）EPC（设计-采购-施工）模式。这种承包方式又称为“交钥匙”或“项目总承包”，是指工程总承包企业按照合同约定，承担工程项目设计、采购、施工、试运行等工作，并对承包工程的质量、安全、工期、造价全面负责，最终向建设单位提交一个满足使用功能、具备使用条件的工程项目，其特点是对业主而言，有利于项目管理、投资控制、进度控制。但因为有此能力的承包商相对较少，所以业主的选择范围较小，合同管理难度大。对承包商来说，责任重风险较大，需要具备较高的管理水平，但利润也很可观。

2）DB（设计-施工）模式。设计-施工总承包是指工程总承包企业按照合同约定，承担工程项目的设计和施工工作，并对承包工程的设计和施工的质量、安全、工期、造价全面负责。

3）EP（设计-采购）模式。设计-采购总承包是指工程总承包企业按照合同约定，承担工程项目的设计和采购工作，并对工程项目的设计和采购的质量、进度等负责。

4）BOT（建设-经营-转让）模式。BOT 模式是一种主要适用于公共基础设施建设的项目投融资模式。它是国家或地方政府部门的建设单位通过协议，授予承包方承担公共基础设施项目的融资、建造、经营和维护，在协议规定的特许期限内，承包方拥有设施所有权，允许向设施使用者收取适当的费用来收回成本并取得合理回报，特许期限满后将设施无偿移交给建设单位。

5）BT（建设-转让）模式。BT 模式是 BOT 模式的一种演变，逐渐成为政府投资项目投融资模式的一种用于非经营性基础设施项目建设的模式。它的做法是，取得 BT 合同的承包方组建项目公司，按与建设单位签订的合同进行融资、投资、设计和施工，竣工验收后交付使用。建设单位在合同规定期限内向承包方支付工程款，并获得项目所有权。

施工总承包是指发包方将全部施工任务发包给具有施工总承包资质的施工企业，由施工总承包企业按照合同的约定向建设单位负责，完成施工任务。

（2）分承包　分承包简称分包，是相对于总承包而言的，是指总承包方将所承包工程中的部分工程（如土石方工程、电梯安装工程、幕墙装饰工程等）或劳务分包给其他具有相应资质条件的工程承包单位完成的活动，即专业工程分包和劳务作业分包。分包方不与发包方发生直接关系，而只对总承包方负责，在现场由总承包方统筹安排其活动。

分承包方承包的工程不能是总承包范围内的主体结构或关键部分，该部分必须由总承包方自行完成，防止总承包单位以分包为名发生转包行为，以确保工程质量和工程建设的顺利实施。同时，禁止分包单位将其承包的工程再分包，防止层层分包，以规范市场行为，保证工程质量。

分承包主要有两种情形：一是总承包合同约定的分包，总承包方可以直接选择分包方，经发包方同意后与之订立分包合同；二是总承包合同未约定的分包，总承包方需经发包方认可后方可选择分包方，并与其订立分包合同。可见，分包都是需要发包方同意后才能进行的。

（3）独立承包　独立承包是指承包方依靠自身力量自行完成承包任务的承发包方式，适用于技术要求比较简单、规模不大的工程项目。

（4）联合承包　联合承包是相对于独立承包而言的，它是指由两个或两个以上的独立经营的承包单位联合起来承包一项工程任务，主要适用于大型的或结构复杂的工程。参加联合承包的各方通常采用成立工程项目合营公司、合资公司、联合集团等联营体形式，推选代表统一与发包方签订合同，并协调各单位之间的关系，共同对发包方承担连带责任。

需要注意的是，参加联营的各方依然都是各自独立经营的企业，只是就共同承包的工程项目必须事先达成联合协议，以明确各个联合承包方的权利和义务，包括投入的资金数额、工人和管理人员的派遣、机械设备种类、临时设施的费用分摊、利润的分享以及风险的分担等。联合体的资质以联合体各方的最低资质为准。联合体由于多家联合，因此在资金、技术和管理上可以取长补短，发挥各自的优势。在国际工程中，外国承包企业与工程所在国承包企业联合经营，有利于了解当地国情民俗和法规条例，便于开展工作。

（5）直接承包　直接承包是指不同的承包方在同一工程项目上就设计、设备供应、土建、电器安装、机械安装、装饰等工程施工分别与发包方签订承包合同，各自直接对发包方负责。各承包商之间不存在总承包、分承包的关系，现场上的协调工作由发包方自己去做，或由发包方委托一个承包商牵头去做，也可聘请专门的项目经理（建造师）去做。

4. 按获取承包任务的途径划分

（1）计划分配承包　在传统的计划经济体制下，由中央和地方政府的计划部门分配建设工程任务，由设计、施工单位与建设单位签订承包合同，目前这种方式已很少采用。

（2）投标竞争承包　通过投标竞争，中标者获得工程任务，与建设单位签订承包合同，这是国际上通用的获得承包任务的方式。我国现阶段的承包建设工程项目也是以此方式为主。

（3）委托承包　委托承包也称协商承包，即由建设单位与承包单位协商，签订委托其承包某项工程任务的合同，主要适用于某些投资限额以下的小型工程。

（4）指令承包　指令承包是由政府主管部门依法指定工程承包单位，仅适用于某些特殊情况。例如，少数特殊工程或偏僻地区工程，施工企业不愿投标的，可由项目主管部门或当地政府指定承包单位。

1.2　建筑市场

1.2.1　建筑市场的概念

1. 建筑市场的含义

建筑市场的形成是市场经济的产物，它是指进行建筑产品生产交易活动的市场，体现了建筑产品和有关服务交换关系的总和。

建筑市场不同于其他产品市场，有其独特性。由于建筑产品具有生产周期长、规模大、造价高的特点，因此交易活动始终贯穿于建筑产品生产的整个过程。从工程建设的决策、设计、施工，到工程竣工、保修期结束，发包方与承发商、分包商进行的各种交易活动均与建筑产品的生产活动交织在一起。

建筑市场有广义和狭义之分。狭义的建筑市场一般是指有形建筑市场，有固定的交易场所（建设工程交易中心）。广义的建筑市场包括有形市场和无形市场，包括与工程建设有关的技术、租赁、劳务等各种要素市场，为工程建设提供专业服务的中介组织，靠广告、通信、中介机构或经纪人等媒介沟通买卖双方，或通过招标投标等多种方式成交的各种交易活动，还包括建筑商品生产过程及流通过程中的经济联系和经济关系。

2. 建筑市场的特征

（1）建筑市场的地域性　建筑市场的地域性是由建筑产品的固定性和区域性所决定的，由于存在地区经济、自然地理和文化条件的差异，建筑产品的生产往往是在一个相对稳定的地理区域内完成的，受技术、人才、政策等因素的影响，就会出现明显的建筑市场区域差异。例如，我国长三角地区、沿海地区的建筑市场发展迅速，具备明显的领先优势；华中、西南、东北等地区的建筑市场潜力较大；西北地区的建筑市场份额较小，发展相对较慢。

（2）市场交易的直接性　一般商品可以预先批量生产，然后经过批发、零售环节进入市场。由于业主对建筑产品的用途、功能要求不同，建筑产品只能根据需要单独设计、单独生产。建筑市场中没有商业中介人，无法经过中间环节，只能由需求者和生产者直接交易，先成交、后生产。

（3）市场交易的阶段性和长期性　建筑产品价值高昂且生产周期长，难以实现由产品买方先支付全部工程款再由卖方交货，因此建筑产品的交易大多采用分期交付中间产品、分阶段付款，待工程完工后再结清全部款项的方式，因此交易具备阶段性的特点，并且这样的交易是一个很长的过程，要一直到建筑产品被完整交付后才能完成。

（4）建筑市场的风险性　对建筑产品的买方而言，它希望在满足自身对质量和功能要求的情况下，价格尽可能地低；但卖方出于自身利益的考虑，可能在既定价格条件下达不到买方的功能质量预期，然而建筑产品一旦进入生产阶段，就难以退还或重新建造，如果在质量标准理解上产生分歧，就可能给买方或卖方带来损失。另外，由于建筑产品生产周期长、不确定因素较多，国家政策、国内外经济形势、供求关系，甚至地质、环境的变化都会给建筑市场带来一系列影响，例如金融政策和市场形势会影响到产品买方的资金链，造成对卖方已完成产品的拖延支付或者中断支付，或是产品卖方采用较低定价以获得业务，却因为在较长的生产周期内遭遇材料、劳务、设备价格和汇率、利率等的变化，导致亏损。

（5）建筑市场的竞争性　建筑产品生产者之间竞争激烈。由于不同的生产者在管理技术水平、专业特长、对市场的熟悉程度和竞争策略上存在差异，使得建筑市场的竞争性首先体现在各生产者的建筑产品定价上。为在激烈的市场竞争中中标，对于一些技术特点不强的工程项目，生产者只有降低自身利润以增大中标概率；政府在环保和安全方面制定的政策也使得生产者在这方面的管理费用逐步增加，利润空间进一步缩小。而建筑产品的买方相对而言处于主导地位，有的建设单位利用买方市场的优势地位，要求建筑产品生产者垫资施工，以此作为建设单位变相筹措资金的渠道以转嫁经营风险，损害了建筑产品生产者的利益，也加剧了建筑市场的竞争。

1.2.2　建筑市场的主体和客体

1. 建筑市场的主体

建筑市场的主体是指参与建筑生产交易过程的各方，即业主、承包商、工程咨询服务机构、政府主管部门及其他主体等。

(1) 业主　业主有时也称建设单位、发包方，是指既有某项工程建设需求，又具有相应的建设资金和各种准建手续，在建筑市场中发包工程项目建设的勘察、设计、施工任务，并最终得到建筑产品，达到自身经营使用目的的政府部门、企事业单位和个人。

业主在项目建设过程中的主要职能是：建设项目的立项决策，建设项目的资金筹措与管理，办理建设项目的有关手续（如征地、建设许可等），建设项目的招标与合同管理，建设项目的施工与质量管理，建设项目的竣工验收和试运行，建设项目的统计及文档管理等。

(2) 承包商　承包商有时也称施工企业、承包方，是指拥有一定数量的建设装备、流动资金、工程人员，依法取得建设资质证书和营业执照，能够按照业主的要求提供不同形态的建设产品，并最终得到相应工程价款的建设施工企业。

无论是按我国惯例还是按国际惯例，对承包商一般都要实行从业资格管理。承包商从事建设生产，一般需具备四个方面的条件：

① 拥有符合国家规定的注册资本。

② 拥有与其资质等级相适应且具有注册执业资格的专业技术和管理人员。

③ 有从事相应建筑活动所应有的技术装备。

④ 经资格审查合格，已取得资质证书和营业执照。

在我国，承包商按其从事的专业分为土建、水电、道路、港湾、铁路、市政工程等专业公司。在市场经济条件下，承包商需要通过市场竞争（投标）取得施工项目，要凭借自身的实力去赢得市场。

(3) 工程咨询服务机构　工程咨询服务机构是指具有一定注册资金，具有一定数量的工程技术、经济、管理人员，取得建设咨询证书和营业执照，能为工程建设提供估算测量、管理咨询、建设监理等智力型服务并获取相应报酬的企业。

国际上，工程咨询服务机构一般称为咨询公司；在我国则包括勘察公司、设计院、工程监理公司、工程造价咨询公司、招标代理机构和工程项目管理公司等。它们主要向建设项目业主提供工程咨询和管理等方面的服务，以弥补业主对工程建设业务不了解或不熟悉的不足。工程咨询服务单位并不是工程承包的当事人，但受业主聘用，与业主签订有协议书或合同，从事工程咨询或监理等工作，因而在项目的实施中承担重要的责任。咨询任务可以贯穿于项目立项、竣工验收乃至使用阶段的整个项目建设过程，也可只限于其中某个阶段，如可行性研究咨询、施工图设计、施工监理等。

(4) 政府主管部门　政府主管部门在建筑市场中主要起到指导、协调和监管的作用。由各级政府的相关职能部门设置的招投标监督管理办公室是相关行业的建筑市场主管单位，对于推动建筑市场规范、有序地发展起着重要作用。

2. 建筑市场的客体

建筑市场的客体是建筑市场的交易对象，即各种建筑产品，包括有形的建筑产品（如建筑物、构筑物）和无形的建筑产品（如咨询、监理等智力型服务）。

因为建筑产品本身及其生产过程具有不同于其他工业产品的特点，所以建筑产品不同于一般工业产品。在不同的生产交易阶段，建筑产品表现为不同的形态，可以是咨询公司提供的咨询报告、咨询意见或其他服务；可以是勘察设计单位提供的勘察报告、设计方案、施工图纸；也可以是生产厂家提供的设备及构件，或者承包商建造的各类建筑物和构筑物等。

1.2.3 建筑市场的资质管理

建筑市场的资质管理是指建设行政主管部门对从事建筑活动的建筑企业、勘察设计企业及工程咨询企业等，按照其拥有的注册资本、专业技术人员、技术装备和工程业绩等不同条件，划分不同的企业等级，进行资质审查。其中对专业技术人员的资质管理主要根据学历、相关工作经验、参加统一考试并注册进行管理。管理的目的是让资质不同的企业和人员做不同等级的业务。

建设活动的专业性及技术性很强，而且建设工程投资大、周期长，一旦发生问题，将给社会和人民的生命财产安全造成极大的损失。因此，为保证建设工程的质量和安全，对从事建设活动的单位和专业技术人员必须实行从业资格管理，即资质管理。

建筑市场中的资质管理包括两类：一类是对从业企业的资质管理，另一类是对专业人士的资格管理。

1. 从业企业资质管理

《中华人民共和国建筑法》规定，对从事建筑活动的施工企业、勘察单位、设计单位和工程咨询机构实行资质管理。

（1）工程勘察企业资质管理　工程勘察资质范围包括建设工程项目的岩土工程、水文地质勘查和工程测量等专业，工程勘察资质分为综合类、专业类和劳务类。

综合类包括工程勘察所有专业；专业类是指岩土工程、水文地质勘查、工程测量等专业中的某一项，其中岩土工程专业类可以是岩土工程勘察、岩土工程设计、测试监测检测、咨询监理中的一项或全部；劳务类是指岩土工程治理、工程钻探、凿井等。

工程勘察综合类资质只设甲级；工程勘察专业类资质原则上设甲、乙两个级别，确有必要设置丙级勘察资质的地区，经建设部批准后方可设置专业类丙级；工程勘察劳务类资质不分级别。我国工程勘察企业的业务范围见表1-1。

表1-1　工程勘察企业的业务范围

资质分类	等级	承担业务范围
综合类	甲级	承担工程勘察业务范围和地区不受限制
专业类（分专业设立）	甲级	承担本专业工程勘察业务范围和地区不受限制
	乙级	承担本专业工程勘察中、小型工程项目，承担工程勘察业务的地区不受限制
	丙级	承担本专业工程勘察小型工程项目，承担工程勘察业务限定在省、自治区、直辖市所辖行政区范围内
劳务类	不分级	只能承担岩土工程治理、工程钻探、凿井等工程勘察劳务工作，承担工程勘察劳务工作的地区不受限制

（2）工程设计企业资质管理　工程设计资质分为工程设计综合资质、工程设计行业资质、工程设计专业资质和工程设计专项资质。

1）工程设计综合资质。工程设计综合资质是指涵盖建筑、煤炭、石油天然气、军工、机械、公路、水运、民航等21个行业的设计资质。工程设计综合资质只设甲级，可承担各行业建设工程项目的设计业务，其规模不受限制。

2）工程设计行业资质。工程设计行业资质是指涵盖某个行业资质标准中的全部设计类型的设计资质。工程设计行业资质一般设甲、乙两个级别，另根据行业需要，建筑、市政公用、水利、电力（限送变电）、农林和公路行业可设立工程设计丙级资质。具体业务范围见表1-2。

表1-2　工程设计企业的业务范围（行业资质）

资质等级	业务范围
甲级	承担本行业建设工程项目主体工程及其配套工程的设计业务，其规模不受限制
乙级	承担本行业中、小型建设工程项目的主体工程及其配套工程的设计业务
丙级	承担本行业小型建设项目的工程设计业务

3）工程设计专业资质。工程设计专业资质是指某个行业资质标准中的某一个专业的设计资质。工程设计专业资质设甲、乙、丙级。建筑工程设计专业资质设丁级。具体业务范围见表1-3。

表1-3　工程设计企业的业务范围（专业资质）

资质等级	业务范围
甲级	承担本专业建设工程项目主体工程及其配套工程的设计业务，其规模不受限制
乙级	承担本专业中、小型建设工程项目的主体工程及其配套工程的设计业务
丙级	承担本专业小型建设项目的工程设计业务
丁级 （限建筑工程设计）	1）一般公共建筑工程：①单体建筑面积2000m^2及以下；②建筑高度12m及以下 2）一般住宅工程：①单体建筑面积2000m^2及以下；②建筑层数4层及以下的砖混结构 3）厂房和仓库：①跨度不超过12m，单梁式吊车吨位不超过5t的单层厂房和仓库；②跨度不超过7.5m，楼盖无动荷载的二层厂房和仓库 4）构筑物：①套用标准通用图高度不超过20m的烟囱；②容量小于50m^3的水塔；③容量小于300m^3的水池；④直径小于6m的料仓

4）工程设计专项资质。工程设计专项资质是指为适应和满足行业发展的需求，对已形成产业的专项技术独立进行设计以及设计、施工一体化而设立的资质。工程设计专项资质可根据行业需要设置等级。

国务院建筑行政主管部门及各地建筑行政主管部门负责勘察、设计企业资质的审批、晋升和处罚。

（3）建筑施工企业资质管理　建筑施工企业是指从事土木工程、建筑工程、线路管道和设备安装工程、装修工程等的新建、扩建、改建等有关活动的企业。根据《建筑业企业资质等级标准》（住建部令第 159 号），我国的建筑施工企业资质分为施工总承包、专业承包和劳务分包三个序列。

1）取得施工总承包资质的企业（简称施工总承包企业），可以承接施工总承包工程。施工总承包企业可以对所承接的施工总承包工程内各专业工程全部自行施工，也可以将专业工程或劳务作业依法分包给具有相应资质的专业承包企业或劳务分包企业。施工总承包企业资质等级标准包含房屋建筑工程、公路工程、铁路工程、港口工程、水利工程、电力工程、矿山工程、冶金工程、化工石油工程、市政公用工程、通信工程、机电安装工程 12 种类别的资质等级标准。以房屋建筑工程施工总承包企业资质等级标准为例，其企业资质分四种等级，即特级、一级、二级、三级，见表 1-4。

表 1-4　房屋建筑工程施工总承包企业资质标准

资质等级	资质标准
特级	①企业注册资本金 3 亿元以上；②企业净资产 3.6 亿元以上；③企业近 3 年年平均工程结算收入 15 亿元以上；④企业其他条件均达到一级资质标准
一级	1）企业近 5 年承担过下列 6 项中的 4 项以上工程的施工总承包或主体工程承包，工程质量合格：①25 层以上的房屋建筑工程；②高度 100m 以上的构筑物或建筑物；③单体建筑面积 3 万 m^2 以上的房屋建筑工程；④单跨跨度 30m 以上的房屋建筑工程；⑤建筑面积 10 万 m^2 以上的住宅小区或建筑群体；⑥单项建安合同额 1 亿元以上的房屋建筑工程 2）企业经理具有 10 年以上从事工程管理工作经历或具有高级职称；总工程师具有 10 年以上从事建筑施工技术管理工作经历并具有本专业高级职称；总会计师具有高级会计职称；总经济师具有高级职称。企业有职称的工程技术和经济管理人员不少于 300 人，其中工程技术人员不少于 200 人；工程技术人员中，具有高级职称的人员不少于 10 人，具有中级职称的人员不少于 60 人。企业具有的一级资质项目经理不少于 12 人 3）企业注册资本金在 5000 万元以上，企业净资产在 6000 万元以上 4）企业近 3 年最高年工程结算收入在 2 亿元以上 5）企业具有与承包工程范围相适应的施工机械和质量检测设备
二级	1）企业近 5 年承担过下列 6 项中的 4 项以上工程的施工总承包或主体工程承包，工程质量合格。①12 层以上的房屋建筑工程；②高度 50m 以上的构筑物或建筑物；③单体建筑面积 1 万 m^2 以上的房屋建筑工程；④单跨跨度 21m 以上的房屋建筑工程；⑤建筑面积 5 万 m^2 以上的住宅小区或建筑群体；⑥单项建安合同额 3000 万元以上的房屋建筑工程 2）企业经理具有 8 年以上从事工程管理工作经历或具有中级以上职称；技术负责人具有 8 年以上从事建筑施工技术管理工作经历并具有本专业高级职称；财务负责人具有中级以上会计职称。企业有职称的工程技术和经济管理人员不少于 150 人，其中工程技术人员不少于 100 人；工程技术人员中，具有高级职称的人员不少于 2 人，具有中级职称的人员不少于 20 人。企业具有的二级资质以上项目经理不少于 12 人 3）企业注册资本金 2000 万元以上，企业净资产 2500 万元以上 4）企业近 3 年最高年工程结算收入 8000 万元以上 5）企业具有与承包工程范围相适应的施工机械和质量检测设备

（续）

资质等级	资质标准
三级	1）企业近 5 年承担过下列 5 项中的 3 项以上工程的施工总承包或主体工程承包，工程质量合格。 ① 6 层以上的房屋建筑工程； ② 高度 25m 以上的构筑物或建筑物； ③ 单体建筑面积 5000m^2 以上的房屋建筑工程； ④ 单跨跨度 15m 以上的房屋建筑工程； ⑤ 单项建安合同额 500 万元以上的房屋建筑工程 2）企业经理具有 5 年以上从事工程管理工作经历；技术负责人具有 5 年以上从事建筑施工技术管理工作经历并具有本专业中级以上职称；财务负责人具有初级以上会计职称。企业有职称的工程技术和经济管理人员不少于 50 人，其中工程技术人员不少于 30 人；工程技术人员中，具有中级以上职称的人员不少于 10 人。企业具有的三级资质以上项目经理不少于 10 人 3）企业注册资本金 600 万元以上，企业净资产 700 万元以上 4）企业近 3 年最高年工程结算收入 2400 万元以上 5）企业具有与承包工程范围相适应的施工机械和质量检测设备

不同资质等级的施工总承包企业的业务范围见表 1-5。

表 1-5　房屋建筑工程施工总承包企业的业务范围

资质等级	业务范围
特级	可承担各类房屋建筑工程的施工
一级	可承担单项建安合同额不超过企业注册资本金 5 倍的下列房屋建筑工程的施工： ① 40 层及以下、各类跨度的房屋建筑工程； ② 高度 240m 及以下的构筑物； ③ 建筑面积 20 万 m^2 及以下的住宅小区或建筑群体
二级	可承担单项建安合同额不超过企业注册资本金 5 倍的下列房屋建筑工程的施工： ① 28 层及以下、单跨跨度 36m 及以下的房屋建筑工程； ② 高度 120m 及以下的构筑物； ③ 建筑面积 12 万 m^2 及以下的住宅小区或建筑群体
三级	可承担单项建安合同额不超过企业注册资本金 5 倍的下列房屋建筑工程的施工： ① 14 层及以下、单跨跨度 24m 及以下的房屋建筑工程； ② 高度 70m 及以下的构筑物； ③ 建筑面积 6 万 m^2 及以下的住宅小区或建筑群体

2）取得专业承包资质的企业（简称专业承包企业），可以承接施工总承包企业分包的专业工程和建设单位依法发包的专业工程。专业承包企业可以对所承接的专业工程全部自行施工，也可以将劳务作业依法分包给具有相应资质的劳务分包企业。专业承包企业资质等级标准包含地基与基础工程、土石方工程、建筑装修装饰工程、建筑幕墙工程、预拌商品混凝土专业、混凝土预制构件专业、园林古建筑工程、钢结构工程、高耸构筑物工程、电梯安装

工程、消防设施工程、建筑防水工程、防腐保温工程等60种类别的资质等级标准。以土石方工程专业承包企业资质等级标准为例，其企业资质分三种等级：一级、二级、三级。不同资质等级的业务范围见表1-6。

表1-6　土石方工程专业承包企业的业务范围

资质等级	业务范围
一级	可承担各类土石方工程的施工
二级	可承担单项合同额不超过企业注册资本金5倍且60万m^3及以下的土石方工程的施工
三级	可承担单项合同额不超过企业注册资本金5倍且15万m^3及以下的土石方工程的施工

3）取得劳务分包资质的企业（简称劳务分包企业），可以承接施工总承包企业或专业承包企业分包的劳务作业。劳务分包企业资质等级标准包含木工作业、砌筑作业、抹灰作业、石制作、油漆作业、钢筋作业、混凝土作业、脚手架作业、模板作业、焊接作业、水暖电安装作业、钣金作业和架线作业等13种类别的资质等级标准。以砌筑作业企业资质等级标准为例，其企业资质分一级和二级两种。不同资质等级的业务范围见表1-7。

表1-7　砌筑作业分包企业的业务范围

资质等级	业务范围
一级	可承担各类工程砌筑作业（不含各类工业炉窑砌筑）分包业务，但单项业务合同额不超过企业注册资本金的5倍（企业注册资本金30万元以上）
二级	可承担各类工程砌筑作业（不含各类工业炉窑砌筑）分包业务，但单项业务合同额不超过企业注册资本金的5倍（企业注册资本金10万元以上）

工程施工总承包企业和施工专业承包企业的资质实行分级审批。特级、一级资质由住房和城乡建设部（以下简称“住建部”）审批；二级以下资质由企业注册所在地省、自治区、直辖市人民政府建筑主管部门审批。经审查合格的，由相关的资质管理部门颁发相应等级的建筑业企业（施工企业）资质证书。建筑业企业资质证书由国务院建筑行政主管部门统一印刷，分为正本（一本）和副本（若干本），正本和副本具有同等的法律效力。任何单位和个人不得涂改、伪造、出借或转让资质证书，复印的资质证书无效。

（4）工程咨询企业资质管理　我国对工程咨询单位实行资质管理。目前，已有明确资质等级评定条件的有工程监理、招标代理、工程造价等咨询机构。

1）监理单位。工程监理企业资质分为综合资质、专业资质和事务所资质。综合资质、事务所资质不分级别。专业资质分为甲级、乙级；其中，房屋建筑、水利水电、公路和市政公用专业资质可设立丙级。工程监理企业资质相应许可的业务范围如下：

① 综合资质。可以承担所有专业工程类别建设工程项目的工程监理业务。

② 专业资质。专业甲级资质可承担相应专业工程类别建设工程项目的工程监理业务，专业乙级资质可承担相应专业工程类别二级以下（含二级）建设工程项目的工程监理业务，专业丙级资质可承担相应专业工程类别三级建设工程项目的工程监理业务。

③ 事务所资质。可承担三级建设工程项目的工程监理业务，但国家规定必须实行强制

监理的工程除外。

2）工程建设项目招标代理机构。工程建设项目招标代理机构资格分为甲级、乙级和暂定级。甲级工程招标代理机构可以从事各类工程的招标代理业务，乙级工程招标代理机构可以从事工程总投资 1 亿元人民币以下的工程招标代理业务，暂定级工程招标代理机构可以从事工程总投资 6000 万元人民币以下的工程招标代理业务。

3）工程造价咨询企业。工程造价咨询企业资质等级分为甲级和乙级两类。甲级工程造价咨询企业可以从事各类建设项目的工程造价咨询业务，乙级工程造价咨询企业可以从事工程造价 5000 万元人民币以下的各类建设项目的工程造价咨询业务。

2. 专业人士资格管理

《中华人民共和国建筑法》规定，从事建筑活动的专业技术人员，应当依法取得相应的资质证书，并在从业证书许可的范围内从事建筑活动。

在建筑行业中，把具有从事工程咨询资格的专业工程师称为专业人士。专业人士在建筑市场管理中起着非常重要的作用。由于他们的工作水平对工程项目建设成败具有重要的影响，所以其资格条件要求很高。从某种意义上说，政府对建筑市场的管理，一方面要靠完善的建筑法规，另一方面要依靠专业人士。

我国专业人士制度是近几年才从发达国家引入的。目前，已经确定专业人士的种类有建筑工程师、城市规划师、结构工程师、岩土工程师、监理工程师、造价工程师、建造师、安全师和房地产估价师等。由全国资格考试委员会负责组织专业人士的考试，由建设行政主管部门负责专业人士注册。资格和注册条件为：拥有大专以上专业学历；参加全国统一考试，成绩合格；具有相关专业实践经验。

专业人士资格的管理主要是通过考试、注册、变更等级和按期检审来实现的。

1.2.4　建设工程交易中心

建设工程交易中心，也称有形建设市场，是我国在改革中采用的具有独创特性的建设市场有形化管理方式。

把所有代表国家和国有企事业单位投资的业主请进建设工程交易中心进行招标，设置专门的监督机构，是我国针对国有建设项目交易透明度差的问题和加强建筑市场管理的一种独特的方式。

1. 建设工程交易中心的性质与作用

（1）建设工程交易中心的性质　建设工程交易中心是服务性机构，不是政府管理部门，也不是政府授权的监督机构，本身并不具备监督管理职能。但建设工程交易中心又不是一般意义上的服务机构，其设立需要经过政府或者政府授权主管部门的批准，并非任何单位和个人都可随意设立。建设工程交易中心不以营利为目的，旨在建立公开、公正、平等竞争的招投标制度服务，只可经批准收取一定的服务费。工程交易行为不能在场外发生，否则将是违法行为。

（2）建设工程交易中心的作用　按照我国有关规定，所有建设项目都要在建设工程交易中心内报建、发布招标信息、进行合同授予、申领施工许可证等。招投标活动一般都需在场内进行，并接受政府有关管理部门的监督。建设工程交易中心的设立，对国有投资的监督制约机制的建立、规范建设工程承发包行为、将建筑市场纳入法制化的管理轨道起到了重要的作用。

建设工程交易中心设立以来，由于实行集中办公、公开办事制度和程序，以及一条龙的“窗口”服务，不仅有力地促进了工程招投标制度的推行，而且遏制了违法违规行为，对于防止腐败、提高管理透明度都收到了显著的效果。

2. 建设工程交易中心的基本功能

（1）场所服务功能　对于政府部门、国有企事业单位的投资项目，我国明确规定，一般情况下都必须进行公开招标，只有在特殊情况下才允许采用邀请招标。所有建设项目进行的招投标必须在有形建筑市场内进行，必须由有关管理部门进行监督。按照这个要求，建设工程交易中心必须为工程承发包交易双方进行的建设工程招标、评标、定标、合同谈判等提供设施和场所服务。原建设部《建设工程交易中心管理办法》规定，建设工程交易中心应具备信息发布大厅、洽谈室、开标室、会议室及相关设施，以满足业主和承包商、分包商、设备材料供应商之间的交易需要。同时，要为政府有关管理部门进驻集中办公、办理有关手续和依法监督招投标活动提供场所服务。

（2）信息服务功能　建设工程交易中心配备有电子墙、计算机网络工作站用来收集、存储和发布各类工程信息、法律法规、造价信息、价格信息、专业人士信息等。还要定期公布工程造价指数和建筑材料价格、人工费、机械租赁费、工程咨询服务费以及各类工程指导价等，以指导业主和承包商、咨询单位进行投资控制和投标报价。

（3）集中办公功能　建设行政主管部门的各职能机构进驻建设工程交易中心，为建设项目进入有形建筑市场进行项目报建、招标投标交易和办理有关批准手续进行集中办公和实施统一管理监督。受理申报的内容一般包括工程报建、招标登记、承包商资质审查、合同登记、质量报监、施工许可证发放等。进驻建设工程交易中心的相关管理部门集中办公，公布各自的办事制度和程序，既能按照各自的职责依法对建设工程交易活动实施有力监督，又方便当事人办事，有利于提高办公效率。

（4）咨询服务功能　提供技术、经济、法律等方面的咨询服务。

3. 建设工程交易中心的运行原则

为了保证建设工程交易中心能够有良好的运行秩序，充分发挥其市场功能，必须坚持市场运行的一些基本原则，主要包括如下几点：

（1）信息公开原则　建设工程交易中心必须充分掌握政策法规、工程发包商、承包商和咨询单位的资质、造价指数、招标规则、评标标准、专家评委库等各项信息，并保证市场各方主体都能及时获得所需要的信息资料。

（2）依法管理原则　建设工程交易中心应当严格按照法律法规开展工作，尊重建设单位依照法律规定选择投标单位和选定中标单位的权利，尊重符合资质条件的建筑业企业提出的投标要求和接受邀请参加投标的权利。任何单位和个人不得非法干预交易活动的正常进行。监察机关应当进驻建设工程交易中心实施监督。

（3）公平竞争原则　进驻建设工程交易中心的有关行政监督管理部门应严格监督招投标单位的行为，防止行业、部门垄断和不正当竞争，不得侵犯交易活动各方的合法权益。

（4）属地进入原则　建设工程交易实行属地进入，即每个城市原则上只能设立一个建设工程交易中心，特大城市可以根据需要设立区域性分中心。对于跨省、自治区、直辖市的铁路、公路、水利等工程项目，可在政府有关部门的监督下，通过公告由项目法人组织招标投标。

(5) 办事公正原则　建设工程交易中心是政府主管部门批准建立的服务性机构，必须配合进驻的各行政管理部门做好相应的工程交易活动管理和服务工作。要建立监督制约机制，公开办事规则和程序，制定完善的规章制度和工作人员守则。如发现建设工程交易活动中的违法违规行为，应当向政府有关管理部门报告，并协助进行处理。

4. 建设工程交易中心运作的一般程序

按照有关规定，建设项目进入建设工程交易中心后，一般按下列程序进行：

(1) 建设工程报建　拟建工程得到计划管理部门立项批准后，到建设工程交易中心的行政主管部门办理报建备案手续。工程建设项目的报建内容主要包括：工程名称、建设地点、投资规模、资金来源、当年投资额、工程规模、工程筹建情况、计划开工和竣工日期等。

(2) 确定招标方式　报建工程由招标监督部门依据《中华人民共和国招标投标法》和有关规定确认招标方式。

(3) 履行招投标程序　招标人依据《中华人民共和国招标投标法》和有关规定履行建设项目，包括项目的勘察、设计、施工、监理以及与工程建设有关的重要设备、材料等的招标投标程序。

(4) 签订合同　自中标通知书发出之日起30日内，发包单位与中标单位签订合同。

(5) 按规定进行质量、安全监督登记

(6) 统一缴纳有关工程前期费用

(7) 领取建设工程施工许可证　申请领取施工许可证，应具备以下条件：①已经办理该建设工程用地批准手续；②在城市规划区的建设项目，已经取得规划许可证；③施工场地已经基本具备施工条件，需要拆迁的，其拆迁进度符合施工要求；④已经确定建设施工单位；⑤有满足施工需要的施工图纸及技术资料，施工图设计文件已按规定进行了审查；⑥有保证工程质量和安全的具体措施；⑦按照规定应该委托监理的工程已委托监理；⑧建设资金已经落实。根据相关规定，建设工期不足一年的，到位资金原则上不得少于工程合同价的50%；建设工期超过一年的，到位资金原则上不得少于工程合同价的30%。建设单位应当提供银行出具的到位资金证明，有条件的可以实行银行付款保函或者其他第三方担保。

建设行政主管部门应当自收到申请之日起15日内，为符合条件的申请人办理施工许可证。

1.3　建设工程招投标

1.3.1　建设工程招投标的概念

1. 建设工程招投标的概念

招标投标是在市场经济条件下进行工程建设、货物买卖、财产出租、中介服务等经济活动的一种竞争形式和交易方式，是引入竞争机制订立合同（契约）的一种法律形式。

招投标是一种国际上普遍运用的、有组织的市场交易行为，是贸易中的一种工程、货物、服务的买卖方式。

建设工程招标是指招标人（买方）发出招标公告或投标邀请书，说明招标的工程、货物、服务的范围、标段（标包）划分、数量、投标人（卖方）的资格要求等，邀请特定或不特定的投标人（卖方）在规定的时间、地点按照一定的程序进行投标的行为。

建设工程投标是工程招标的对称概念，指具有合法资格和能力的投标人根据招标条件，经过初步研究和估算，在指定期限内填写标书，提出报价，并等候开标，争取中标的经济活动。

从法律意义上讲，建设工程招标一般是建设单位（或业主）就拟建的工程发布通告，用法定方式吸引建设项目的承包单位参加竞争，进而通过法定程序从中选择条件优越者来完成工程建设任务的法律行为。建设工程投标一般是经过特定审查而获得投标资格的建设项目承包单位，按照招标文件的要求，在规定的时间内向招标单位填报投标书，并争取中标的法律行为。

2. 建设工程招投标的特点

（1）平等性　招标投标是独立法人之间的经济活动，按照平等、自愿、互利的原则和规范的程序进行，双方享有同等的权利和义务，受到法律的保护和监督。招标方应为所有投标人提供同等的条件，让他们展开公平竞争。

（2）竞争性　招标投标的核心是竞争，按规定每一次招标必须有三家以上的投标人，这就形成了投标人之间的竞争，他们以各自的实力、信誉、服务、报价等优势战胜其他的投标人。此外，在招标人与投标人之间也展开了竞争，招标人可以在投标人中间“择优选择”，有选择就有竞争。

（3）开放性　正规的招标投标活动必须在公开发行的报纸杂志上刊登招标公告，打破行业、部门、地区，甚至国别的界限，打破所有制度的封锁、干扰和垄断，最大限度地让所有符合条件的投标人前来投标，进行自由竞争。

建设工程招标投标的目的是在工程建设中引入竞争机制，择优选定勘察、设计、设备安装、施工、装饰装修、材料设备供应、监理和工程总承包单位，以保证缩短工期、提高工程质量和节约建设资金。

1.3.2　建设工程招投标的分类

1. 按照基本建设程序分类

按照我国工程建设基本程序，一个项目要经过决策、勘察设计、实施等几个阶段。根据建设过程内容的不同，可以将建设工程招投标分为项目可行性研究招标投标、项目勘察设计招标投标、项目工程施工招标投标和项目设备采购招标投标。

基本建设的每个阶段都形成了基本建设中的一个行业，如工程投资咨询行业、工程勘察设计行业、工程施工行业、工程监理行业、材料及设备供应行业、招投标代理行业等，所以按照基本建设程序分类就是在按照建设行业进行分类。

2. 按专业分类

建设项目所涉及的专业非常多，按现阶段的管理体制和项目本身的特点，主要分为房屋建筑工程、冶炼工程、矿山工程、化工石油工程、水利水电工程、电力工程、农林工程、铁路工程、公路工程、港口与航道工程、航天航空工程、通信工程、市政公用工程、机电安装工程等大类。招投标也可按照以上专业来分类。

3. 按建设项目的组成分类

按建设项目的组成可以划分为建设项目招标投标、单项工程招标投标、单位工程招标投标、分部分项工程招标投标。

4. 按工程承包的范围分类

按工程承包的范围可以划分为建设工程总承包招标投标、工程分承包招标投标、工程专项承包招标投标。

5. 按工程涉外因素分类

按工程涉外因素可以划分为国内工程招标投标及国际工程招标投标两类。

另外，按照招标的组织方式还可将招标分为招标人自行招标和委托代理机构招标两种；按照招标的标的内容可分为工程招标、货物招标和服务招标，按照招标的竞争程度可分为公开招标和邀请招标，按照招标的阶段划分可分为一阶段招标和两阶段招标。

1.3.3　建设工程中常见的招投标

招投标是目前国内外广泛采用的一种交易采购方式。由于各类建设工程招标投标的内容不尽相同，因而它们有不同的招标投标意图或侧重点，在具体操作上也有细微的差别，呈现出不同的特点，归纳起来主要涉及以下几个方面：

1. 土地使用权招投标

城市土地使用权招标投标是我国城市土地使用权的一次重大改革，它使土地的价值得到充分的认识，资源潜能得到开发，使土地的使用符合社会主义市场经济的运行规律，从而迈出了与国际接轨的重要一步。

土地使用权的招投标，在国家法律的指导下，在满足土地使用用途的前提下，主要是考察投标人对所要招标的土地给出的价格，以此来确定中标人。

2. 建设工程勘察招投标

建设工程勘察是根据建设工程的要求，查明、分析、评价建设场地的地质地理环境特征和岩土工程条件，编制建设工程勘察文件的活动，其主要特点如下：

1）项目立项后，具有土地及规划手续才能进行勘察招投标。

2）可采用邀请招标。

3）在评标、定标上，着重考虑勘察方案的优劣，同时也考虑勘察进度的快慢，勘察收费依据与取费的合理性和正确性，以及勘察资历和社会信誉等因素。

3. 建设工程设计招投标

建设工程设计是根据建设工程的要求，对建设工程的技术、经济、环境等条件进行综合分析和论证，编制建设工程设计文件。

在程序、方式上与勘察招投标有相似性，设计阶段招标投标的特点如下。

1）在招标的范围和形式上，主要实行设计方案招标，可以是一次性总招标，也可以分单项、分专业招标。

2）在评标、定标上，强调把设计方案的优劣作为择优确定中标的主要依据，同时也考虑设计经济效益的好坏、设计进度的快慢、设计费报价以及设计资历的高低和社会信誉的好坏等因素。

3）中标人应承担初步设计和施工图设计的任务；经招标人同意，也可以向其他具有相应资格的设计单位进行一次委托分包。

4. 施工招投标

建设工程施工是指把设计图纸变成预期的建筑产品的活动，是整个建设项目实施的关键，而建设工程施工的核心是建筑物的质量，其他还包括施工工期、建筑成本等。

施工招标投标是目前我国建设工程招标投标中开展得比较早、比较多、比较好的一类，其程序和相关制度具有代表性和典型性，甚至可以说，建设工程中其他类型的招标投标制度都是承袭施工招标投标制度而来的，其主要特点如下：

1）招标带有强制性，招标许可主要是检查项目前期的准备。

2）在招标条件上，比较强调建设资金的充分到位。

3）在招标方式上，强调公开招标、邀请招标，议标方式受到严格限制，甚至被禁止。

4）在投标、评标和定标中，要综合考虑价格、工期、技术、质量、安全、信誉等因素，价格因素所占比重比较突出，可以说是关键的一环，常常起决定性作用。

5. 工程建设监理招投标

工程建设监理是指具有相应资质的监理单位和监理工程师受建设单位或个人委托，独立对工程建设过程进行组织、协调、监督、控制和服务的专业化活动。工程建设监理招投标的特点如下：

1）在性质上属于工程咨询招标投标的范畴，其招投标的是建设监理服务。

2）招标的范围可以包括工程建设过程中的全部工作，如项目建设前期的可行性研究、项目评估等，项目实施阶段的勘察、设计、施工等。招标的范围也可以只包括工程建设过程中的部分工作，主要是施工监理工作。

3）在评标、定标上，应综合考虑监理规划（或监理大纲）、人员素质、监理业绩、监理取费、检测手段等因素，其中最主要的是人员素质。

6. 政府采购与设备（材料）采购招投标

政府采购是指各级国家机关、事业单位和团体组织，使用财政性资金采购依法制定的货物、工程和服务的行为。建设工程设备（材料）采购是指采购用于建设工程的各种建筑材料和设备，政府采购和设备（材料）采购招投标主要是解决资金的合理使用，提高资金的使用质量和所购产品的质量问题，其采购招标投标的特点如下：

1）在招标形式上，一般应优先考虑在国内招标。

2）在招标范围上，一般为大宗的而不是零星的设备（材料）采购。

3）在招标内容上，可以就整个工程建设项目所需的全部设备（材料）进行总招标，也可以就单项工程所需设备（材料）进行分项招标，或者就单件（台）设备（材料）进行招标；还可以进行从项目的设计、设备生产、制造、供应和安装调试到试用投产的成套设备招标。

4）在招标中，一般要求做标底，标底在评标、定标中具有重要意义。

5）允许具有相应资质的投标人就部分或全部招标内容进行投标，也可以联合投标，但应在投标文件中明确一个总牵头单位承担全部责任。

7. 工程总承包招投标

工程总承包是指对工程全过程的承包。按其具体范围可分为三种情况：一是对工程建设项目从可行性研究、勘察、设计、材料设备采购、施工、安装直到竣工验收、交付使用、质量保修等全过程实行总承包，由一个承包商对建设单位或个人负总责，建设单位或个人一般只负责提供项目投资、使用要求及竣工、交付使用的期限，这也就是所谓的交钥匙工程；二是对工程建设项目实施阶段从勘察、设计、材料设备采购、施工、安装直到交付使用等的全过程实行一次性总承包；三是对整个工程建设项目的某一阶段（如施工）或某几个阶段（如设计、施工、材料设备采购等）实行一次性总承包。

工程总承包招标投标的主要特点如下。

1）它是一种综合性的、全过程的一次性招标投标。

2）投标人在中标后应当自行完成中标工程的主要部分（如主体结构等）；对中标工程范围内的其他部分，经发包方同意，有权作为招标人组织分包招标投标或依法委托具有相应资质的招标代理机构组织分包招标投标，并与中标的分包投标人签订工程分包合同。

3）分承包招标投标的运作一般按照有关总承包招标投标的规定执行。

4）在评标中其他因素与价格同等重要，一般采用综合评估法。

5）由于我国多年来分散发展各个专业，具有综合能力的总承包公司较少，因此可以采用邀请招标，也可以组织联合体投标。

8. 外资贷款工程国际招投标

外资贷款工程国际招投标是在建筑工程招投标活动中开展得较早且较规范的活动，其最大的特点是按照国际通行的惯例在世界范围内对某贷款（援助）工程采用公开招标的方式选择承包方。

1.3.4　建设工程招投标的基本原则

建设工程招标投标的基本原则是指在建设工程招标投标过程中自始至终应遵循的最基本的原则。《中华人民共和国招标投标法》规定：“招标投标活动应当遵循公开、公平、公正和城市信用的原则。”我国《中华人民共和国建筑法》（以下简称《建筑法》）规定：“建筑工程发包与承包的招投标活动，应当遵循公开、公正、平等竞争的原则，择优选择承包单位。”

1. 公开原则

公开原则，指建设工程招标投标活动应当具有较高的透明度。具体是指建设工程招标投标的信息公开、条件公开、程序公开、开标活动公开、评标标准公开、定标结果公开。

2. 公平原则

公平原则，指所有投标人在建设工程招标投标活动中，享有均等的机会，具有同等的权利，履行相应的义务，任何一方都不应受歧视。

依法必须进行招标的项目，其招标投标活动不受地区或者部门的限制，任何单位和个人不得违法限制或者排斥本地区、本系统以外的法人或者其他组织参加投标，不得以任何方式非法干涉招标投标活动。

3. 公正原则

公正原则，指在建设工程招标投标活动中，按照同一标准实事求是地对待所有的投标人，不偏袒任何一方。在招标公告发出后，任何符合条件的投标人均可参加投标；在评判标书时，按照招标文件规定的要求和标准评判所有标书；在签订合同时，有关合同条款对各方都应是统一的解释。

4. 诚实信用原则

诚实信用原则，指在建设工程招标投标活动中，招投标双方均应实事求是、诚实守信，不能弄虚作假、隐瞒欺诈。例如在招标过程中，招标人不得发布虚假的招标信息，不得擅自终止招标；在投标过程中，投标人不得以他人名义投标，不得与招标人或其他投标人串通投标；中标通知书发出后，招标人不得擅自改变中标结果，中标人不得擅自放弃中标项目，否则将承担相应的法律责任。

5. 求效、择优原则

讲求效益和择优定标，是建设工程招标投标活动的主要目标。在建设工程招标投标活动中，除了要坚持合法、公开、公正等前提性、基础性原则外，还必须贯彻求效、择优的目的性原则。贯彻求效、择优原则，最重要的是要有一套科学合理的招标投标程序和评标、定标办法。

1.3.5 建设工程招投标的意义

1）促进市场竞争机制的形成，提高建设领域的透明度和规范化。建设工程的招标投标已基本形成了由市场定价的价格机制，通过科学合理和规范化的监管机制与运作程序，可有效地杜绝不正之风，保证交易的公正和公平。通过竞争确定工程价格，有利于节约投资、防止垄断、优胜劣汰，提高投资效益。同时，竞争对施工单位既是冲击又是激励，可促进企业加强内部管理，提高生产效率；增强了设计单位的经济责任意识，促使设计人员注意设计方案的经济性；而且增强了监理单位的责任感，有利于减少工程纠纷，保护了市场主体的合法权益。

2）有利于降低工程造价，提高投资效益。实行建设工程的招标投标便于供求双方更好地相互选择，使工程价格更加符合价值基础，进而更好地控制工程造价。采用招投标方式为供求双方在较大范围内进行相互选择创造了条件。面对激烈竞争的压力，为了自身的生存与发展，每个投标人都必须切实地在降低自己的个别劳动消耗水平上下功夫，这样将逐步而全面地降低社会平均劳动消耗水平，使工程价格更为合理。需求者对供给者选择（即建设单位、业主对勘察设计单位和施工单位的选择）的基本出发点是“择优选择”，即选择那些报价较低、工期较短、具有良好业绩和管理水平的供给者，为合理控制工程造价奠定基础。

3）有利于规范业主行为，减少交易费用。采用招投标方式有利于规范业主行为，督促建设单位重视并做好工程建设的前期工作，从根本上改正了“边勘察、边设计、边施工”的做法，促进了征地、设计、筹资等工作的落实，并督促其严格按程序办事。我国目前从招标、投标、开标、评标直至定标，均在统一的建筑市场中进行，并有一些较完善的法律、法规规定，已进入制度化操作。

1.4 工程招投标法律体系简介

我国招投标制度是伴随着改革开放逐步建立并完善的。1984年，国家计划委员会和城乡建设环境保护部联合下发了《建设工程招标投标暂行规定》，倡导实行建设工程招投标，我国由此开始推行招投标制度。

1.4.1　工程招投标法律体系的构成

建设工程招投标要规范参与各主体的行为，这就需要建立一个相互联系、相互补充、相互协调、多层次的完整统一的法律体系，即工程招投标法律体系。工程招投标法律体系是指全部现行的与工程招投标活动有关的法律法规和政策规定等组成的有机整体。我国现已基本形成了一个以《中华人民共和国招标投标法》为主，相关基本法律及相关法规、条例、规章为辅的关于工程招标投标的法律制度。按照法律效力的不同，可分为五个层次：

1. 工程招投标相关的法律

这是指由国家最高权力机关全国人民代表大会及其常委会制定并修改，由国家主席签署颁布的工程招投标相关的主席令。例如，《中华人民共和国民法通则》《中华人民共和国建筑法》《中华人民共和国合同法》《中华人民共和国招标投标法》《中华人民共和国政府采购法》。

2. 工程招投标相关的行政法规

这是指由国家最高行政机关国务院根据宪法和法律制定并修改，由国务院总理签署颁布的工程招投标相关的国务院令或国务院规范性文件。例如，《中华人民共和国招标投标法实施条例》《国务院办公厅关于进一步规范招投标活动的若干意见》《国家重大项目稽查办法》《建设工程质量管理条例》《建设工程安全生产管理条例》《建设工程勘察设计管理条例》。

3. 工程招投标相关的地方性法规

这是指地方有立法权的地方人大颁布工程招投标相关的地方性法规，例如《重庆市招标投标条例》（重庆市人民代表大会常务委员会公告［2008］22号）。

4. 工程招投标相关的规章

这是指由国务院有关部门颁发的有关招标投标的部门规章以及有立法权的地方人民政府颁发的地方性招标投标规章。例如，《工程建设项目招标范围和规模标准规定》《工程建设项目招标代理机构资格认定办法》《工程建设项目施工招标投标办法》《工程建设项目货物招标投标办法》《建筑工程设计招标投标管理办法》《工程建设项目勘察设计招标投标办法》。

5. 工程招投标相关的行政规范性文件

这是各级政府及其所属部门和派出机关依据法律、法规和规章制定的具有普遍约束力的具体规定。例如，《国务院办公厅印发国务院有关部门实施招投标活动行政监督的职责分工意见的通知》《招标代理服务收费管理暂行办法》《招标投标违法行为记录公告暂行办法》《建设工程量清单计价规范》《建设工程施工合同》。

1.4.2　工程招投标法律体系的效力层级

招标投标活动的法律法规非常多，在执行过程中要注意效力层级。

1. 纵向效力层级

在我国法律效力体系中，宪法具有最高的法律效力，之后依次是法律、行政法规、部门规章与地方性法规、地方政府规章、行政规范性文件。在招投标法律体系中，《中华人民共和国招标投标法》是基本法律，其他有关法规规章不得与它相抵触。

2. 横向效力层级

《中华人民共和国立法法》中规定，同一机关制定的特别规定的效力层级应高于一般规定。例如，在合同的订立及签订等方面，《中华人民共和国合同法》和《中华人民共和国招标投标法》都做了一些规定。在招标投标活动中，应当遵循《中华人民共和国合同法》的基本规定，但同时更应严格执行《中华人民共和国招标投标法》中的一些特别的规定。

3. 时间序列效力层级

同一机关制定的法律、行政法规等，若其新的规定与旧的规定不一致，则使用新的规定。在招标投标活动中，也应按照“新法优于旧法”的原则执行新的规定。

1.5 工程招标投标违法案例分析

【案例 1-1】

在一次招标活动中，招标指南写明投标不能口头附加材料，也不能附条件投标，但业主将合同授予了投标人甲。业主解释说，如果考虑到该投标人的口头附加材料，则该投标人的报价最低。另一个报价低的投标人乙起诉业主，请求法院判定业主将该合同授予自己。法院经过调查发现，甲投标人是业主早已内定的承包商。法院最后判决将合同授予价格合理的投标人乙。

【案例解析】

招标投标是国际和国内建筑行业广泛采用的一种方式。其目的为保护公共利益和实现自由竞争。招标法规有助于在公共事业上防止欺诈、串通、倾向性和资金浪费，确保政府部门和其他业主以合理的价格获得高质量的服务。从本质上讲，招标法规是保护公共利益的，保护投标人并不是它的出发点。为了更好地保护公共利益，确保自由、公正的竞争是招标法规的核心内容。对于招标法规的实质性违反是不被允许的，即使这种违反行为是出于善意。

保证招标活动的竞争性是有关招标法规最重要的原则。《中华人民共和国建筑法》第 16 条规定，建筑工程发包与承包的招标投标活动，应当遵循公开、公正、平等竞争的原则，择优选择承包单位。这就从法律上确立了保障招标投标活动应具竞争性这一最高原则。

在本案例中，业主私下内定了承包商，这就违反了招标法规的有关竞争性原则。况且本案中的招标文件明确规定投标不能口头附加条件，也不能附条件投标。法院判决将合同授予给出最低价的投标人乙是正确的。对于投标人甲，由于其违反了招标法规的竞争原则，因此不能取得合同，也不能要求返还其合理费用。

【案例 1-2】

在广东省某医院医技大楼工程招标投标中，存在包工头串标、建筑施工单位出让资质证照、评标委员会不依法评标、省交易中心个别工作人员收受包工头钱物等违纪违法问题。经广东省建设厅、监察厅研究决定，取消该项目招投标结果，依法重新组织招投标。并依法追究相关人员的刑事责任。

这是广东省建立有形建筑市场以来查处的首宗建设工程交易中心工作人员违纪违法案件。

案情：该医技大楼设计建筑面积为 19 945m^2，预计造价 7400 万元，其中土建工程造价约为 3402 万元，配套设备暂定造价为 3998 万元。该工程项目在广东省建设工程交易中心以总承包方式向社会公开招标。

经常以“广州辉宇房地产有限公司总经理”身份对外的包工头郑某得知该项目的情况后，与四家建筑公司联系，要求挂靠这四家公司参与投标。这四家公司在未对郑某的公司资质和业绩进行审查的情况下，就同意其挂靠，并分别商定了“合作”条件：一是投标保证金由郑某支付；二是广州市某建筑公司代郑某编制标书，由郑某支付“劳务费”，其余三家公司的经济标书由郑某编制；三是项目中标后全部或部分工程由郑某组织施工，挂靠单位收取占工程造价 3%～5% 的管理费。上述四家公司违法出让资质证明，为郑某搞串标活动提供了条件。今年 1 月，郑某给四家公司各汇去 30 万元投标保证金，并支付给广州市某建筑公司 1.5 万元编制标书的“劳务费”。

为揽到该项目，郑某还不择手段地拉拢广东省交易中心评标处副处长张某、办公室副主任陈某。郑某以咨询业务为名，经常请张、陈二人吃喝玩乐，并送给张某港币 5 万元、人民币 1000 元，以及人参、茶叶等物品；送给陈某港币 3 万元和洋酒等物品。张、陈两人积极为郑某提供“咨询”服务，不惜泄露招投标中有关保密事项，甚至带郑某到审核标底现场向有关人员打探标底，后因现场监督严格而未得逞。

2001 年 1 月 22 日下午开始评标。评标委员会置该项目招标文件规定于不顾，把原安排 22 日下午评技术标、23 日上午评经济标两段评标内容集中在一个下午进行，致使评标委员会没有足够的时间对标书进行认真细致的评审，一些标书明显存在违反招标文件规定的错误但未能发现。同时，评标委员在评审中还把标底价 50% 以上的配套设备暂定价 3998 万元剔除，使造价总体下浮变为部分下浮，影响了评标结果的合理性。23 日下午 7 时 20 分左右，评标结束，中标单位为深圳市总公司。

由于郑某挂靠的四家公司均未能中标，郑某便鼓动这四家公司向有关部门投诉，设法改变评标结果。因不断发生投诉，有关单位未发出中标通知书。

【案例解析】

该医技大楼工程招标投标中的违纪违法问题，是一宗包工头串通有关单位内部人员干扰和破坏建筑市场秩序的典型案件。建立建设工程交易中心是规范建筑市场秩序的一项重要举措，对建筑领域腐败问题的滋生蔓延起到了有效的遏制作用，但是交易中心工作人员和评标委员成了不法分子拉拢腐蚀的重点对象。整顿和规范建筑市场秩序，要坚决将政府对工程招标投标活动的监管职能与有形建筑市场的服务职能相分离，强化招标投标工作的监管力度，切实加强有形建筑市场的规范管理。

复习思考与练习

一、简答题

1. 简述工程承发包的概念。
2. 工程承发包的方式有哪些？
3. 我国工程建设中的经营方式有哪几种？
4. 简述建筑市场的概念。
5. 简述建筑市场的主体、客体。
6. 什么是建筑市场的资质管理？
7. 简述建设工程交易中心的性质和作用。
8. 简述建设工程招标投标的种类。
9. 什么是建筑工程施工招标？
10. 建设工程招标投标活动的基本原则是什么？
11. 招标人自行组织招标应具备的条件有哪些？

二、项目实训

要求：以2020年的建筑市场为背景，选择一个建筑企业为参考单位。收集、查阅、归纳和整理各种资料，编制一份图文并茂的文字调查报告。

教师：作为某项目的投资人代表。

学生：作为企业项目经理（代表人），就某市某项目的投资事宜进行洽谈。企业项目经理（学生）交出一份具有说服力的可行性报告，让投资人认可、出资。小组代表（学生）发言汇报，投资人代表（教师）当场提问质疑。

具体要求：

（1）小组代表发言并准备PPT在多媒体教室进行演讲，自述10分钟，超时扣分。

（2）调查报告图文结合，需包括市场分析、企业简介两方面内容。

（3）报告电子稿设计封面需注明报告题目，班级、学号、姓名及小组。

（4）投资人提问质疑，学习小组团队可以补充回答。成员少一人，全组扣分。

（5）现场汇报，当场进行多媒体填表打分。

（6）交项目成果方式：学生交小组长，小组长交班级，班级汇集交老师。

第 2 章

建设工程招标

2.1 建设工程招标概述

2.1.1 建设工程项目招标的项目范围和规模

1. 必须进行工程招标的项目范围

我国工程招投标活动实行的是强制招投标制度，并规定了强制招标的项目范围和规模。

根据《中华人民共和国招标投标法》第三条，下列工程建设项目包括项目的勘察、设计、施工、监理以及与工程建设有关的重要设备、材料等的采购，必须进行招标：

1）大型基础设施、公用事业等关系社会公共利益、公众安全的项目。

2）全部或者部分使用国有资金投资或者国家融资的项目。

3）使用国际组织或者外国政府贷款、援助资金的项目。

经国务院批准，由原国家发展计划委员会发布的《工程建设项目招标范围和规模标准规定》(2000 年 5 月发布）对必须招标的项目范围进行了明确的规范。

（1）关系社会公共利益、公众安全的基础设施项目

① 煤炭、石油、天然气、电力、新能源等能源项目。

② 铁路、公路、管道、水运、航空以及其他交通运输业等交通运输项目。

③ 邮政、电信枢纽、通信、信息网络等邮电通信项目。

④ 防洪、灌溉、排涝、引（供）水、滩涂治理、水土保持、水利枢纽等水利项目。

⑤ 道路、桥梁、地铁和轻轨交通、污水排放及处理、垃圾处理、地下管道、公共停车场等城市设施项目。

⑥ 生态环境保护项目。

⑦ 其他基础设施项目。

（2）关系社会公共利益、公众安全的公用事业项目

① 供水、供电、供气、供热等市政工程项目。

② 科技、教育、文化等项目。

③ 体育、旅游等项目。

④ 卫生、社会福利等项目。

⑤ 商品住宅，包括经济适用住房。

⑥ 其他公用事业项目。

（3）使用国有资金投资项目

① 使用各级财政预算资金的项目。

② 使用纳入财政管理的各种政府性专项建设基金的项目。

③ 使用国有企业事业单位自有资金，并且国有资产投资者实际拥有控制权的项目。

（4）国家融资项目

① 使用国家发行债券所筹资金的项目。

② 使用国家对外借款或者担保所筹资金的项目。

③ 使用国家政策性贷款的项目。

④ 国家授权投资主体融资的项目。

⑤ 国家特许的融资项目。

（5）使用国际组织或者外国政府资金的项目

① 使用世界银行、亚洲开发银行等国际组织贷款资金的项目。

② 使用外国政府及其机构贷款资金的项目。

③ 使用国际组织或者外国政府援助资金的项目。

2. 必须进行工程招标的项目规模

《工程建设项目招标范围和规模标准规定》规定了建设工程施工招标的规模标准是：项目的勘察、设计、施工、监理以及与工程建设有关的重要设备、材料等的采购，达到下列标准之一的，必须进行招标：

1）施工单项合同估算价在200万元人民币以上的。

2）重要设备、材料等货物的采购，单项合同估算价在100万元人民币以上的。

3）勘察、设计、监理等服务的采购，单项合同估算价在50万元人民币以上的。

4）单项合同估算价低于第1）、2）、3）项规定的标准，但项目总投资额在3000万元人民币以上的。

只要项目总投资在3000万元人民币以上的，其施工单项合同、货物单项合同、勘察、设计、监理等单项合同的估算价无论是多少，都必须进行招标投标。

建设项目的勘察、设计，采用特定专利或专有技术的，或者其建筑艺术造型有特殊要求的，经项目主管部门批准，可以不进行招标。

3. 可不进行招标的项目

对于不进行招标的特殊情况，法律也做了明确的界定。根据《中华人民共和国招标投标法》《中华人民共和国招标投标法实施条例》，依法必须招标的项目具有下列情形之一的，可以不进行招标：

1）涉及国家安全和国家秘密的工程项目。

2）抢险救灾项目。

3）属于利用扶贫资金实行以工代赈、使用农民工的项目。

4）因其他特殊原因不适宜进行招标的项目。包括：

① 需要采用不可替代的专利或者专有技术。

② 采购人依法能够自行建设、生产或者提供。

③ 已通过招标方式选定的特许经营项目投资人依法能够自行建设、生产或者提供。

④ 需要向原中标人采购工程、货物或者服务，否则将影响施工或者功能配套要求。

⑤ 国家规定的其他特殊情形。

《房屋建筑和市政基础设施工程施工招标投标管理办法》第十条规定，工程有下列情形之一的，经县级以上地方人民政府建设行政主管部门批准，可以不进行施工招标。

1）停建或者缓建后恢复建设的单位工程，且承包方未发生变更的。

2）施工企业自建自用的工程，且该施工企业资质等级符合工程要求的。

3）在建工程追加的附属小型工程或者主体加层工程，原中标人仍具备承包能力的。

4）法律、行政法规规定的其他情形。

2.1.2 建设工程招标的条件

1. 工程建设项目招标应具备的条件

为了建立和维护建筑工程项目施工招标程序，招标人必须在招标前做好准备工作，满足招标条件。我国《工程建设项目施工招标投标办法》第八条规定，依法必须招标的工程建设项目，应当具备下列条件才能进行施工招标：

1）招标人已经依法成立。

2）初步设计及概算应当履行审批手续的，已经批准。

3）招标范围、招标方式和招标组织形式等应当履行核准手续的，已经核准。

4）有相应资金或资金来源，已经落实。

5）有招标所需的设计图纸及技术资料。

2. 建设单位招标应当具备的条件

《工程建设施工招标投标管理办法》规定：建设单位招标应当具备下列条件：

1）是法人、依法成立的其他组织。

2）有与招标工程相适应的经济、技术管理人员。

3）有组织编制招标文件的能力。

4）有审查投标单位资质的能力。

5）有组织开标、评标、定标的能力。

不具备上述2）~5）项条件的，需委托具有相应资质的咨询、监理等单位代理招标。

2.1.3 建设工程招标的主要形式

建设工程招标，根据其招标范围不同通常可分为以下几种形式。

1）建设工程全过程招标，即通常所称的“交钥匙”工程承包方式。建设工程全过程招标是指从项目建议书开始，包括可行性研究、勘察设计、设备和材料询价及采购、工程施工，直至竣工验收和交付使用等全面招标。

2）建设工程勘察设计招标是把工程建设的一个主要阶段——勘察设计阶段的工作单独进行招标的活动的总称。

3）建设工程材料和设备供应招标是指建筑材料和设备供应的招标活动的全过程。实际工作中，对材料和设备往往分别进行招标。

在工程施工招标过程中，工程所需的建筑材料一般可分为由施工单位全部包料、部分包料和由建设单位全部包料三种情况。在上述任何一种情况下，建设单位和施工单位都可能作为招标单位进行材料招标。与材料招标相同，设备招标要根据工程合同的规定，或者由建设单位负责招标，或者由施工单位负责招标。

4）建设工程施工招标是指工程施工阶段的招标活动全过程。它是目前国际、国内工程项目建设经常采用的一种发包形式，也是建筑市场的基本竞争方式。建设工程施工招标的特点是招标范围可大可小，有利于施工的专业化。

5）建设工程监理招标是指招标人为了委托监理任务的完成，以法定方式吸引监理单位参加竞争，从中选择条件优越的工程监理单位的行为。

2.1.4 建设工程项目招标方式

建筑工程的招标通常有两种方式：公开招标和邀请招标。

1. 公开招标

公开招标是一种无限竞争性招标方式。采用这种方式时，招标单位通过在报纸或专业性刊物上发布招标通告或利用其他媒体，说明招标工程的名称、性质、规模、建设地点、建设要求等事项，公开招请承包商参加投标竞争。凡是对该工程感兴趣的、符合规定条件的承包商都允许参加投标，因而相对于其他招标方式，其竞争最为激烈。

公开招标方式可以给一些符合资格审查要求的承包商平等竞争的机会，可以极为广泛地吸引投标单位，从而使招标单位有较大的选择范围，可以在众多的投标单位之间选择报价合理、工期较短、信誉良好的承包商。但也存在着一些缺点，如招标成本高、时间长等。

招标人采用公开招标方式的，应当发布招标公告。依法必须进行招标的项目的招标公告，应当通过国家指定的报刊、信息网络或者其他媒体发布。招标公告应当载明招标人的名称和地址，招标项目的性质、数量、建设地点和时间，以及获取招标文件的办法等事项。

2. 邀请招标

在国际上，邀请招标被称为选择性招标，是一种有限竞争性招标方式。招标单位一般不是通过公开的方式，而是根据自己了解和掌握的信息、过去与承包商合作的经验，或是由咨询机构提供的情况等，有选择地邀请数量有限的承包商参加投标。其优点在于：经过选择的投标单位在施工经验、技术力量、经济和信誉上都比较可靠，因而一般都能保证进度和质量要求。此外，参加投标的承包商数量少，因而招标时间相对较短，招标费用也较少。由于邀请招标在价格、竞争的公平方面存在一些不足之处，因此《中华人民共和国招标投标法》规定，国家重点项目和省、自治区、直辖市的地方重点项目不宜进行公开招标的，经过批准后可以进行邀请招标。

招标人采取邀请招标方式的，应当向 3 个以上具备承担招标项目的能力且资信良好的法人或其他组织发出投标邀请书，一般以 3 ~ 10 个参加者较为适宜。邀请招标虽然能保证投标人具有可靠的资信和完成任务的能力，且能保证合同的履行，但由于受招标人的自身条件所限，不可能对所有的潜在投标人都了解，因此可能会失去技术上、报价上有竞争力的投标人。

依法必须进行招标的项目中，满足以下条件且经过核准或者备案，可以采用邀请招标。

（1）工程勘察设计项目

① 项目的技术性、专业性较强，或者环境资源条件特殊，符合条件的潜在投标人数量有限的项目。

② 如采用公开招标，所需费用占工程建设项目总投资比例过大的项目。

③ 建设条件受自然因素限制，如采用公开招标，将影响实施进度的项目。

（2）工程施工项目

① 项目技术复杂或有特殊要求，只有少量几家潜在投标人可供选择的项目。

② 受自然地域环境限制的项目。

③ 涉及国家安全、国家秘密或者抢险救灾等，适宜招标但不宜公开招标的项目。

④ 拟公开招标的费用与项目的价值相比不值得的项目。

⑤ 法律、法规规定不宜公开招标的项目。

2.2 建设工程招标活动

2.2.1 建设工程招标人

1. 招标人的概念

建设工程招标人是指依法提出招标项目，进行招标的法人或者其他组织。通常为该建设工程的投资人，即项目业主或建设单位。建设工程招标人在建设工程招标投标活动中起主导作用。

在我国，随着投资管理体制的改革，投资主体已由过去单一的政府投资发展为国家、集体、个人的多元化投资。与投资主体多元化相适应，建筑工程招标人也多种多样，出现了多样化趋势，包括各类企业单位、机关、事业单位、社会团体、合伙企业、个人独资企业和外国企业，以及企业的分支机构等。

2. 招标人的权利

（1）自行组织招标或者委托招标的权利　招标人是工程建筑项目的投资责任者和利益主体，也是项目的发包方。招标人发包工程项目，凡具备招标资格的，有权自行组织招标，自行办理招标事宜；不具备招标资格的，则有委托具备相应资质的招标代理机构代理组织招标、代为办理招标事宜的权利。招标人委托招标代理机构进行招标时，享有自由选择招标代理机构并核验其资质证书的权利，同时享受参与整个招标过程的权利，招标人代理有权参加评标组织。任何机关、社会团体、企业事业单位和个人不得以任何理由为招标人指定或变相指定招标代理机构，招标代理机构只能由招标人选定。在招标人委托招标代理机构代理招标的情况下，招标人对招标代理机构办理的招标事务要承担法律后果，因此应对代理机构的代理活动，特别是评标、定标代理活动进行必要的监督。

（2）进行投标资格审查的权利　对于要求参加投标的潜在投标人，招标人有权要求其提供有关资质情况的资料，以进行资格审查、筛选，拒绝不合格的潜在投标人参加投标。招标单位对参加投标的承包商进行资格审查，是招标过程中的重要一环。招标单位对投标人的审查，着重要查看投标人的财务状况、技术能力、管理水平、资信能力和商业信誉等，以确保投标人能胜任投标的工程项目承揽工作。招标单位对投标人的资格审查内容主要包括：企业注册证明和技术等级，主要施工经历，质量保证措施，技术力量简况，正在施工的承建项目，施工机械设备简况，资金或财务状况，企业的商业信誉，准备在招标工程上使用的施工机械设备，准备在招标工程上采用的使用方法和施工进度安排。

（3）择优选定中标人的权利　招标的目的是通过公平、公开、公正的市场竞争，确定最优中标人，以顺利完成工程建筑项目。招标过程其实就是一个优选过程，择优选定中标人，就是根据评标组织的评审意见和推荐建议确定中标人。这是招标人最重要的权利。

（4）享有依法约定的其他各项权利　建设工程招标人的权利依法确定。法律法规有规定的，应该依据法律法规；法律法规无规定时，则依双方约定，但双方的约定严禁违法或损害社会公共利益和公共秩序。

3. 招标人的义务

（1）遵守法律、法规、规章和方针、政策　社会主义市场经济是法制经济，在社会主义市场经济条件下，任何行为都必须依法进行，建设工程招标行为也不例外。建设工程招标人的招标活动必须依法进行，违法或违规、违章的行为不仅不受法律保护，而且还要承担相应的法律责任。遵纪守法是建设工程招标人的首要义务。

（2）接受招标投标管理机构管理和监督的义务　为了保证建设工程招标投标活动公开、公平、公正，建设工程招标投标活动必须在招标投标管理机构的行政监督管理下进行。

（3）不侵犯投标人合法权益的义务　招标人、投标人是招标投标活动的双方，他们在招标投标中的地位是完全平等的，因此招标人在行使自己权利的时候，不得侵犯投标人的合法权益，不得妨碍投标人公平竞争。

（4）委托代理招标时向代理机构提供招标所需资料、支付委托费用等义务　招标人委托招标代理机构进行招标时，应承担的义务主要有：

① 招标人对于招标代理机构在委托授权范围内所办理的招标事务的后果直接接受并承担民事责任。

② 招标人应向招标代理机构提供招标所需的有关资料，提供为办理受托事务必需的费用。

③ 招标人应向招标代理机构支付委托费或报酬，其标准和期限依法律规定或合同的约定。

④ 招标人应向招标代理机构赔偿招标代理机构在执行受托任务中非因自己过错所遭受的损失。

（5）保密的义务　建筑工程招标投标活动应当遵循公开原则，但对可能影响公平竞争的信息，招标人必须保密。招标人设有标底的，标底必须保密。

（6）与中标人签订并履行合同的义务　招标投标的最终结果是择优确定中标人，与中标人签订并履行合同。无故不签订或不履行合同的，应依法承担相应的法律责任。

（7）承担依法约定的其他各项义务　在建设工程招标投标过程中，招标人与他方依法约定的义务也应认真履行。但是约定不能违反法律规定，违反规律规定的约定属于无效约定。约定必须双方自愿，坚持意思自治原则，不得强迫或欺诈。

4. 招标人的法律责任

1）必须进行招标的项目而不招标的，将必须进行招标的项目化整为零或者以其他任何方式规避招标的，责令限期改正，可以处项目合同金额5‰以上、10‰以下的罚款；对全部或者部分使用国有资金的项目，可以暂停项目执行或者暂停资金拨付；对单位直接负责的主管人员和其他直接人员依法给予处分。

2）招标人以不合理的条件限制或者排斥潜在投标人的，对潜在投标人实行歧视待遇的，强制要求投标人组成联合体共同投标的，或者限制投标人之间竞争的，责令改正，可以处1万元以上、5万元以下的罚款。

3）依法必须进行招标的项目的招标人向他人透露已获取招标文件的潜在投标人的名称、数量，或者可能影响公平竞争的有关招标投标的其他情况的，或者泄露标底的，给予警告，可以并处1万元以上10万元以下的罚款；对单位直接负责的主管人员和其他直接负责人员依法给予处分；构成犯罪的，依法追究刑事责任。

4）招标人在评标委员会依法推荐的中标候选人以外确定的中标人的，依法必须进行招标的项目在所有投标人被评标委员会否决后自行确定中标人的，中标无效，责令改正，可以处项目合同金额5‰以上10‰以下的罚款；对单位直接负责的主管人员和其他直接责任人员依法给予处分。

2.2.2 资格审查

1. 资格审查的概念

资格审查是指招标人对申请人或潜在投标人的经营资格、专业资质、财务状况、技术能力、管理水平、资信能力和商业信誉等方面进行评估审查，以判定其是否具有投标、订立和履行合同的资格及能力。资格审查既是招标人的权利，也是大多数工程招标项目的必要程序，它对于保障招标人和投标人的利益具有重要作用。在工程招投标活动中，招标人可以根据招标项目本身的要求，在招标公告或者投标邀请书中，要求潜在投标人提供有关资质证明文件和业绩情况，并对潜在投标人进行资格审查；国家对投标人的资格条件是有规定的，依照其规定，招标人不得以不合理的条件限制或者排斥潜在投标人，也不得歧视潜在投标人。

2. 资格审查的内容

资格审查主要审查潜在投标人或者投标人的能力，是否能够履行招标项目。对于工程施工项目，资格审查主要是审查五个方面的内容：

① 主体资格方面：审查企业资质和营业执照是否符合招标工程要求，是否具有独立订立和履行合同的权利和能力。

② 能力合格方面：是否具有履行合同的能力，包括专业、技术资格和能力，资金、设备和其他物资设施状况，管理能力、经验、信誉和相应的从业人员。如企业具有有效的安全生产许可证，拟派的项目经理资格等级达到资格审查文件规定的资格等级标准及以上，项目经理的注册建造师注册单位与投标单位一致，且在建工程或者承担的在建工程符合有关规定；以联合体形式申请资格审查的，联合体各成员单位企业资质和人员资格条件符合要求，应该签订共同投标协议并明确牵头人。

③ 正常状态方面：没有处于被责令停业，投标资格被取消，财产被接管、冻结或处于破产状态。

④ 信用合格方面：在最近三年内没有骗取中标和严重违约及重大质量问题。

⑤ 特别规定方面：法律、行政法规规定的其他资格条件。

3. 资格审查的方式和标准

（1）资格审查的方式　资格审查分为资格预审和资格后审两种方式。

① 资格预审：是指在投标申请人购买招标文件前对其资格送审文件进行审查的方式。

招标人通过发布资格预审公告，向不特定的潜在投标人发出投标邀请，由招标人或者由其组织的资格审查委员会按照资格预审文件确定的资格预审条件、标准和方法，对申请人的经营资格、专业资质、财务状况、类似项目业绩、履约信誉、企业认证体系等条件进行评审，确定合格的申请人。未通过资格预审的申请人，不具有参加投标的资格。

资格预审可以减少评标阶段的工作量、缩短评标时间、避免不合格的申请人进入投标阶段，从而节约投标成本，同时，可以提高投标人投标的针对性和竞争性，提高评标的科学性和可比性，但因设置了资格预审环节，所以延长了招标投标的过程，增加了招标人组织资格预审和潜在投标人进行资格预审申请的费用。

资格预审比较适合于具有单件性特点，且技术难度较大或投标文件编制费用较高，或潜在投标人数量较多的公开招标项目，以及需要公开选择潜在投标人的邀请招标项目。

② 资格后审：是指在开标后对投标人进行资格审查的方式。

投标申请人递交投标文件后，在开启投标申请人技术标和商务标前，先开启投标申请人资格标，由招标人组建的评标委员会对投标申请人的资格送审文件进行审查。

采用资格后审方式时，审查的内容与资格预审的内容是一致的，招标人应当在开标后由评标委员会按照招标文件规定的标准和方法对投标人的资格进行审查。资格后审是评标工作的一个重要内容。对资格后审不合格的投标人，评标委员会应否决其投标。采用资格后审可以省去招标人组织资格预审和潜在投标人进行资格预审申请的工作环节，从而节约相关费用，缩短招标投标过程，有利于增加投标人数量，提高串标、围标的难度，但会降低投标人投标的针对性和积极性，在投标人过多时会增加社会成本和评标工作量。

资格后审方法比较适合于潜在投标人数量不多的通用性、标准化招标项目。实行资格后审的，投标文件由资格标、技术标和商务标组成。

（2）资格审查标准　资格审查标准，也称为资格审查方法或资格审查办法，分为合格制法和有限数量制法。

① 合格制法：是指设计一些资格条件，每个条件都是对投标人资格的一种限定，投标申请人符合资格审查文件中投标申请人全部条件的，资格审查为合格。资格审查合格的潜在投标人，下一阶段均可参加工程项目的投标工作，成为投标人。

一般凡具有通用技术、性能标准，或者招标人对技术、性能没有特殊要求、投资规模较小的公开招标项目和邀请招标项目，采用合格制法进行资格审查。

② 有限数量制法：是指招标人对符合资格条件的申请人做出数量限制，属于合格制与打分法相结合的方法。采用有限数量制时，投标人必须通过资格审查，并通过打分排名或其他方式进入到所允许的数量范围内。两个条件同时满足后，投标人才可以参加投标。

一般使用国有资金投资或国有资金占控股或主导地位的，有特殊要求或总投资在一定规模以上的工程建设项目，潜在投标人较多时，经批准的，可采用有限数量制；非国有资金投资的或非国有资金占控股或主导地位的投资项目，可采用有限数量制。

关于合格申请人数量选择问题。依法必须公开招标的工程项目的施工招标实行资格预审，并且采用经评审的最低投标价法评标的，招标人必须邀请所有合格申请人参加投标，不得对投标人的数量进行限制。依法必须公开招标的工程项目的施工招标实行资格预审，并且采用综合评估法评标的，当合格申请人数量过多时，可以采用打分的方法选择规定数量的合格申请人参加投标。一般工程投资额1000万元以上的工程项目，邀请的合格申请人应当不少于9个；工程投资额1000万元以下的工程项目，邀请的合格申请人应当不少于7个。

4. 资格审查的程序

根据国务院有关部门对资格预审的要求和《标准施工招标资格预审文件》的规定，资格预审一般按以下程序进行。

① 编制资格预审文件。

② 发布资格预审公告。

③ 出售资格预审文件。

④ 资格预审文件的澄清、修改。

⑤ 潜在投标人编制并递交资格预审申请文件。

⑥ 组建资格审查委员会。

⑦ 资格审查委员会评审资格预审申请文件，并编写资格评审报告。

⑧ 招标人审核资格评审报告，确定资格预审合格的申请人。

⑨ 向通过资格预审的申请人发出投标邀请书（代替资格预审合格通知书），并向为通过资格预审的申请人发出资格预审结果的书面通知。

其中，编制资格预审文件和组织进行资格预审申请文件的评审，是资格预审程序中的两项重要内容。

2.2.3 招标公告

建设工程施工招标采用公开招标方式的，招标人应当发布招标公告，邀请不特定的法人或者其他组织投标。依法必须进行施工招标项目的招标公告，应当在国家指定的报刊、信息网络和其他媒体上发布。采用邀请招标方式的，招标应当向三家以上具备承担施工招标项目能力的、资信良好的特定法人或者其他组织发出投标邀请书。

招标公告可分为三种类型：

① 进行资格预审的公开招标项目，要发布招标公告。

② 不适合公开招标但经批准允许邀请招标的项目，要发送投标邀请书。

③ 进行资格预审公开招标的项目，要发布资格预审公告，并对资格预审通过的投标人发送投标邀请书和资格预审合格通知书。

招标公告或者投标邀请书应当至少载明下列内容：

① 招标人的名称和地址。

② 招标项目的内容、规模、资金来源。

③ 招标项目的实施地点和工期。

④ 获取招标文件或者资格预审文件的地点和时间。

⑤ 对招标文件或者资格预审文件收取的费用。

⑥ 对投标人的资质等级的要求。

招标人应当按招标公告或者投标邀请书规定的时间、地点出售招标文件或者资格预审文件。自招标文件或者资格预审文件出售之日起至停止出售之日止，最短不得少于 5 个工作日。招标公告如下：

招 标 公 告

（采用资格预审方式）

招标工程项目编号：

1. （招标人名称）的（招标人工程项目名称），已由（项目批准机关名称）批准建设。现决定对该项目的工程施工进行公开招标，选定承包方。

2. 本次招标工程项目的概况如下：

2.1（说明招标工程项目的性质、规模、结构类型、招标范围、标段及资金来源和落实情况等）。

2.2 工程建设地点为：

2.3 计划开工日期为 年 月 日，计划竣工日期为 年 月 日，工期 天。

2.4 工程质量要求符合（《工程施工质量验收规范》）标准。

3. 凡具备承担招标工程项目的能力并具备规定的资格条件的施工企业，均可对上述（一个或多个）招标工程项目（标段）向招标人提出资格预审申请，只有资格预审合格的投标申请人才能参加投标。

4. 投标申请人须是具备建设行政主管部门核发的（建筑业企业类别、资质等级）及以上资质的法人或其他组织。自愿组成联合体的各方均应具备承担招标工程项目的相应资质条件；相同专业的施工企业组成的联合体，按照资质等级低的施工企业的业务许可范围承揽工程。

5. 投标申请人可从（地点和单位名称）处获取资格预审文件，时间为 年 月 日至 年 月 日，每天上午 时 分至 时 分，下午 时 分至 时 分（公休日、节假日除外）。

6. 资格预审文件每套售价为（币种、金额、单位），售后不退。如需邮购，可以书面形式通知招标人，并另收邮费每套（币种、金额、单位）。招标人在收到邮购款后 日内，以快递方式向投标申请人寄送资格预审文件。

7. 资格预审申请书封面上应清楚地注明“（招标工程项目名称和标段名称）投标申请人资格预审申请书”字样。

8. 资格预审申请书须密封后，于 年 月 日 时 分以前送至 处，逾期送达的或不符合规定的资格预审申请将被拒绝。

9. 资格预审结果将及时告知投标申请人，并预计于 年 月 日发出资格预审合格通知书。

10. 凡资格预审合格的投标申请人，请按照资格预审合格通知书中确定的时间、地点和方式获取招标文件及有关资料。

招标人：
办公地址：
邮政编码： 联系电话：
传真： 联系人：

招标代理机构：
办公地址：
邮政编码： 联系电话：
传真： 联系人：
日期： 年 月 日

2.2.4 建设工程招标程序

招标程序是指招标活动的内容逻辑关系，具体程序如下：

1. 招标前的准备工作

招标前的准备工作由招标人单独完成，主要包括以下几个方面。

（1）确定招标范围　工程建设招标可为整个建设过程各个阶段的全部工作（称为工程建设总承包招标或全过程总体招标），或为其中某个阶段的招标，或为某一个阶段中的某一专项的招标。例如，工程建设总承包招标、设计招标、工程施工招标、设备材料供应招标等。在此仅介绍工程施工招标的招标范围确定问题。

施工招标有施工全过程中标、单项工程招标、专业工程招标等形式。工程承包可采取全部包工包料、部分包工包料或包工不包料。招标承包的工程，承包方不得将整个工程分包出去，部分工程分包出去也必须征得工程师（监理单位或业主代表）的书面同意。分包出去的工程由总包单位负责。

实施施工招标的建设项目必须具备下列条件：

① 计划落实：项目列入国家或省、市基本建设计划。

② 设计落实：项目应具备相应设计深度的图纸及概算。

③ 投资来源及物资来源落实：项目总投资及年度投资资金有保证，项目设备供应及施工材料订货与到货落到实处。

④ 征地拆迁及“七通一平”的落实：项目施工现场应做到通给水、通排水、通电、通信、通路、通燃气、通热力以及场地平整，并具备工作条件。

⑤ 项目建设批准手续落实：有政府主管部门签发的建筑许可证。

（2）工程报建

1）建设工程项目的立项批准文件或年度投资计划下达后，按照《工程建设项目报建管理办法》规定具备条件的，需向建设行政主管部门报建备案。

2）建设工程项目报建范围：各类房屋建筑（包括新建、改建、扩建、翻建、大修等）、土木工程（包括道路、桥梁、房屋基础打桩）、设备安装、管道线路敷设、装饰装修等建设工程。

3）建设工程项目报建内容主要包括：工程名称、建设地点、投资规模、资金来源、当年投资额、工程规模、结构类型、发包方式、计划开竣工日期、工程筹建情况等。

4）办理工程报建时应交验的文件资料：立项批准文件或年度投资计划、固定资产投资许可证、建设工程规划许可证、资金证明。

5）工程报建程序：建设单位填写统一格式的《建设工程项目报建登记表》，有上级主管部门的需经其批准同意后，连同应交验的文件资料一并报建设行政主管部门。建设工程项目报建备案后，具备了招标投标法中规定招标条件的建设工程项目，可开始办理建设单位资质审查。建设项目立项文件获得批准后，招标人需向建设行政主管部门履行建设项目报建手续。只有报建申请得到批准后，才可以动工。

（3）招标备案　自行办理招标的，招标人发布招标公告或投标邀请书 5 日前，应向建设行政主管部门办理招标备案，建设行政主管部门自收到备案资料之日起 5 个工作日内没有异议的，招标人可发布招标公告或投标邀请书；不具备自行招标资质的，应责令其停止办理招标事宜。

办理招标备案应提交以下资料：

① 建设项目的年度投资计划和工程项目报建备案登记表。

② 建设工程招标备案登记表。

③ 项目法人单位的法人资格证书和授权委托书。

④ 招标公告或投标邀请书。

⑤ 招标机构有关工程技术、概预算、财务以及工程管理等方面专业技术人员名单、职称证书或执业资格证书及其工程经历的证明材料。

（4）选择招标方式 招标人应按《中华人民共和国招标投标法》和有关招标投标的法律法规的规定确定招标方式。招标方式分为公开招标和邀请招标两种方式。公开招标是指招标人以公开发布招标公告的方式邀请不特定的、具备资格的投标人参加投标，并按法律法规规定择优选定中标人。邀请招标是指招标人以投标邀请书的方式邀请特定的、具备资格的投标人参加投标，并按相关法律法规规定择优选定中标人。

（5）编制资格预审文件 采用资格预审的工程项目，招标人应参照“资格预审文件范本”编写资格预审文件。资格预审文件应包括以下主要内容：资格预审申请人须知、资格预审申请书格式、资格预审评审标准或方法。

（6）编制招标文件 招标文件既是投标人编制投标书的依据，又是招标阶段招标人的行为准则。为了避免疏漏，招标人应根据工程的特点和具体情况参照“招标文件范本”编写招标文件。可根据招标项目具体情况划分标段的，应当合理划分标段、确定工期，并在招标文件中进行说明。招标文件的主要内容通常包括：投标须知；招标工程的技术要求和设计文件；采用工程量清单招标的，应提供工程量清单；投标函的格式及附录；拟签订合同的主要条款；要求投标人提交的其他材料。

招标人编写的招标文件在向投标人发放的同时应向建设行政主管部门备案。建设行政主管部门发现招标文件有违反法律法规内容的，应责令其改正。

（7）编制工程标底 招标人根据项目的招标特点，在招标前可以预设标底，也可以不设标底。对设有工程标底的招标项目，所编制的标底在评标时应当参考。工程标底是招标人控制投资、掌握招标项目造价的重要手段，工程标底在计算时应科学合理、计算准确。工程标底编制人员应严格按照国家的有关政策和规定，科学公平地编制工程标底。

工程标底由招标人自行编制或委托经建设行政主管部门批准的、具有编制工程标底资格和能力的中介咨询服务机构代理编制。

2. 招标与投标阶段的主要工作

（1）发布招标公告或投标邀请书 招标备案后根据招标方式，发布招标公告或投标邀请书。招标人根据工程规模、结构复杂程度或技术难度等具体情况可以采取资格预审或资格后审。实行资格预审的工程，招标人应当在招标公告或投标邀请书中明确资格预审的条件和获取资格预审文件的时间、地点等事项。

实行公开招标的工程项目，招标公告须在国家和省、自治区、直辖市规定的媒体上公开发布。招标公告的作用是让潜在的投标人获得招标信息，以便进行项目筛选，以确定是否参与竞争。

实行邀请招标的工程项目，招标人可以向 3 个以上符合资质条件的投标人发出投标邀请书。

招标公告或投标邀请书的具体格式可由招标人自定，内容一般包括招标单位名称，建设项目资金来源，工程项目概况和本次招标工作范围的简要介绍，购买资格预审文件的时间、地点和价格等有关事项。

（2）资格预审

1）资格预审。采取资格预审的工程项目，招标人需要标识资格预审文件，向报名参加投标的申请人发放资格预审文件；招标人资格预审时不得超过资格预审文件中规定的评审标准，不得提高资格标准、业绩标准和曾获奖项等附加条件来限制或者排斥投标申请人，不得差别对待投标申请人。

对潜在投标人进行资格审查，主要是考察该企业总体能力是否具备完成招标工作所要求的条件。公开招标时应设置资格预审程序，一是保证参与投标的法人或其他组织在资质和能力等方面能够满足完成招标工作的要求；二是通过评审优选出综合实力较强的一批申请投标人，再请他们参加投标竞争，以减少评标的工作量。

资格预审中投标人必须满足的最基本条件，可分为一般资格条件和强制性条件。

一般资格条件的内容通常包括：法人地位、资质等级、财务状况、企业信誉、分包计划等具体要求，是潜在投标人应满足的基本标准。

强制性条件视招标项目是否对潜在投标人有特殊要求来设置。普通工程项目一般承包方均可完成，可不设置强制性条件；对于大型复杂项目尤其是需要有专门技术设备或经验的投标人才能完成时，则应设置强制性条件。强制性条件是为了保证承包工程能够保质、保量、按期完成，按照项目特点设定，而不是针对外地区或外系统投标人，因此不违背招标投标法有关规定。

2）发放资格预审合格通知书。合格投标人确定后，招标人向资格预审合格的投标人发出资格预审合格通知书。投标人在收到资格预审合格通知书后，应以书面形式加以确定是否参加投标，并在规定的地点和时间领取或购买招标文件和有关技术资料。只有通过资格预审的申请投标人，才有资格参与下一阶段的投标竞争。

（3）发售招标文件

1）招标文件的发售。招标人应向合格的投标人发放招标文件。投标人收到招标文件、图纸和有关资料后，应认真核对，核对无误后应以书面形式予以确认。招标人对于发出的招标文件可以酌情收取工本费，但不得以此牟利。对于其中的设计文件，招标人可以采取酌情收取押金的方式；在确定中标人后，对于将设计文件予以退还的，招标人应当同时将其押金退还。

2）招标文件澄清、修改。投标人收到招标文件、图纸和有关资料后，若有疑问或不清楚的问题需要解答、解释的，应在收到招标文件后在规定的时间前以书面形式向招标人提出，招标人应以书面形式或在投标预备会上予以解答、解释。

招标人对招标文件所做的任何澄清或修改，需报建设行政主管部门备案，并在投标截止日期 15 日前发给获得招标文件的投标人。投标人收到招标文件的澄清或修改内容应以书面形式予以确定。

招标文件的澄清或修改内容作为招标文件的组成部分，对招标人和投标人起约束作用。

（4）组织踏勘现场、投标预备会

1）踏勘现场。踏勘现场的目的在于让投标人了解工程现场场地情况和周围环境情况等，以便投标人编制施工组织设计或施工方案，获取计算各种措施费用时必要的信息。

招标人在投标须知规定的时间内组织投标人自费进行现场考察。设置此程序的目的，一方面是让投标人了解工程项目的现场情况、自然条件、施工条件以及周围环境条件，以便于编制投标书；另一方面也是要求投标人通过实地考察确定投标的原则和策略，避免在合同履行过程中以不了解现场情况为由推卸应承担的合同责任。

投标人在踏勘现场中如有疑问，应在投标预备会前以书面形式向招标人提出，便于招标人进行解答。对于投标人踏勘现场的疑问，招标人可以书面形式进行答复，也可以在投标预备会上答复。

2）标前会议。在招标文件中规定的时间和地点，由招标人主持召开的“标前会议”也称投标预备会或答疑会。

答疑会的目的在于解答投标人提出的招标文件和踏勘现场中的疑问。答疑会由招标人组织并主持召开。解答的疑问包括会议前由投标人书面提出的和在答疑会上口头提出的质疑。答疑会结束后，由招标人整理会议记录和解答内容，将以书面形式将所有问题及解答向获得招标文件的投标人发放。会议记录作为招标文件的组成部分，内容若与已发放的招标文件有不一致之处，以会议记录的解答为准。问题及解答纪要需同时向建设行政主管部门备案。为便于投标人在编制投标文件时，将招标人对疑问的解答内容和招标文件的澄清或修改内容考虑进去，招标人可以根据情况酌情推后投标截止时间。

（5）投标文件的接收　在投标截止时间前，招标人应做好投标文件的接收工作，并做好接收记录。招标人应将所接收的投标文件在开标前妥善保存，在规定的投标截止时间以后递交的投标文件，将不予接收或原封退回。

3. 决标成交阶段工作

（1）开标

1）开标的时间和地点。开标应在招标文件确定的投标截止时间的同一时间公开进行；开标地点应是在招标文件中规定的地点；开标时，投标人的法定代表人或授权代理人应参加开标会议。

2）开标会议。公开招标和邀请招标均应举行开标会议，体现招标的公开、公平和公正原则。开标会议由招标人组织并主持，可以邀请公证部门对开标过程进行公证。招标人应对开标会议做好签订记录，以证明投标人出席了开标会议。

开标会议开始后，应按报送投标文件时间先后的逆向顺序进行唱标，当众宣读有效投标的投标人名称、投标报价、工期、质量、主要材料用量，以及招标人认为有必要的内容。但提交合格“撤回通知”和逾期送达的投标文件不予启封。

招标人应对唱标内容做好记录，并请投标人法定代表人或授权代理人签订确认。在开标时，投标文件出现下列情形之一的，应当作为无效投标文件，不得进入评标。

① 文件未按照招标文件的要求予以密封的。

② 投标文件中的投标函未加盖投标人的企业及企业法定代表人印章的，或者企业法定代表人委托代理人没有合法、有效的委托书（原件）及委托代理人印章的。

③ 投标文件的关键内容字迹模糊、无法辨认的。

④ 投标人未按照招标文件的要求提供投标保证金或者投标保函的。

⑤ 组成联合体投标的，投标文件未附联合体各方共同投标协议的。

3）开标会议程序。具体如下。

① 主持人宣布开标会议开始。

② 宣读招标单位法定代表人资格证明书及授权委托书。

③ 介绍参加开标会议的单位和人员。

④ 宣布公证、唱标、记录人员名单。

⑤ 宣布评标原则和评标办法。

⑥ 由招标单位核查投标单位提交的投标文件和资料，并宣读核查结果。

⑦ 宣读投标单位的投标报价、工期、质量、主要材料用量、投标保证金、优惠条件等。

⑧ 宣读评标期间的有关事项。

⑨ 宣布休会，进入评标阶段。

（2）评标　评标由招标人组建的评标委员会按照招标文件中明确的评标定标方法进行评标。

1）评标委员会的建立。评标委员会由招标人或其委托的招标代理机构熟悉相关业务的代表，以及有关技术、经济等方面的专家组成，成员人数为5人以上单数，其中技术、经济等方面的专家不得少于成员总数的2/3。

评标委员会是负责评标的临时组织。有关经济、技术专家应从建设行政主管部门及其他有关政府部门确定的专家名册，或者工程招标代理机构的专家库内相关专业的专家名单中随机抽取，随机抽取的评委人员如与招标人或投标人有利害关系则应重新抽取。

2）评标标准和方法。

① 投标文件的符合性鉴定。评标委员会应对投标文件进行符合性鉴定，核查投标文件是否按照招标文件的规定和要求编制、签署；投标文件是否实质上响应了招标文件的要求。所谓实质上响应招标文件的要求，就是其投标文件应该与招标文件的所有条款、条件和规定相符，无显著差异或保留。显著差异或保留是指对工程的发包范围、质量标准、工期、计价标准、合同条件及权利义务产生实质性影响；如果投标文件实质上不响应招标文件的要求或不符合招标文件的要求，将被确定为无效标。

② 商务标评审。评标委员会将对确定为实质上响应招标文件要求的投标进行投标报价评审，审查其投标报价是否按招标文件要求的计价依据进行报价；其报价是否合理、是否低于工程成本；并对具有投标报价的工程清单表中的单价和总价进行校核。

如有计算或累计上的算术错误，按修正错误的方法调整投标报价；经投标人代表确认同意后，调整后的投标报价对投标人起约束作用。如果投标人不接受修正后的投标报价，则其投标将被拒绝。

③ 技术标评审。对投标人的技术评估应从以下方面进行：投标人的施工方案、施工进度计划安排得是否合理，以及投标人的施工能力和主要人员的施工经验、设备状况等情况。其内容应包括：施工方案或施工组织设计、施工进度计划的合理性，施工技术管理人员和施工机械设备的配备，劳力、材料计划、材料来源、临时用地、临时设施布置的合理性，投标人的综合施工技术能力，以往履约、业绩和分包情况等。

④ 综合评审。评标委员会将对确定为实质上响应招标文件要求的投标进行评审。如果投标文件实质上不响应招标文件的要求，招标人将予以拒绝，且不允许投标人通过修正或撤销其不符合要求的差异或保留，使其成为具有响应性的投标。评标应按招标文件规定的评标

定标方法，对投标人的报价、工期、质量、主要材料用量、施工方案或组织设计、以往业绩、社会信誉、优惠条件等方面进行评审。

⑤ 投标文件的澄清和答疑。必要时，为有助于投标文件的审查、评价和比较，评标委员会将要求投标人澄清其投标文件或答疑。投标文件的答辩一般召开答辩会，分别对投标人进行答辩，先以口头形式询问并解答，随后投标人在规定的时间内以书面形式予以确认，澄清或解答问题的答复作为投标文件的组成部分。但澄清的问题不应寻求、提出或允许更改投标价格或投标的实质性内容。

⑥ 评标报告。评标委员会按照招标文件中规定的评标定标方法完成评标后，编写评标报告，向招标人推选中标候选人或确定中标人；评标报告中应阐明评标委员会对各投标人的投标文件的评审和比较意见。评标报告应包括以下内容：评标定标方法，对投标人的资格审查情况，投标文件的符合性鉴定情况，投标报价审核情况，对商务标和技术标的评审、分析、论证及评估情况，投标文件问题的澄清（如有时），中标候选人推荐或结果情况。较为规范化的评标报告通常由五部分组成，推荐的评标报告包含招标过程、开标过程、评标过程、具体评审和推荐意见、附件这五个部分。

4. 招标投标情况备案

（1）招标投标情况书面报告包括的内容　具体包括：①施工招标投标的基本情况，包括施工招标范围、施工招标方式、资格审查、开标评标过程和确定中标人的方式及理由等。②相关的文件资料，包括招标公告或者投标邀请书、投标报名表、资格预审文件、招标文件、评标委员会的评标报告（设有标底的，应当附标底）、中标人的投标文件。委托工程招标代理的，还应包括工程施工招标代理委托合同。

（2）招标投标情况书面报告的备案　依法必须进行招标的项目，招标人应将工程招标、开标、评标情况根据评标委员会编写的评标报告编制招标投标情况书面报告，并在自确定中标人之日起15日内，将招标投标情况书面报告和有关招标投标情况备案资料、中标人的投标文件报给建设行政主管部门备案。

招标人在办理招标时已向建设行政主管部门备案的文件资料，可以不再重复提交。

（3）招标投标情况备案资料　依法必须进行招标的项目，招标人应向建设行政主管部门备案以下资料：招标人编写的招标投标情况书面报告；评标委员会编写的评标报告；中标人的投标文件；中标通知书；建设项目的年度投资计划或立项批准文件；已经备案的工程项目报建登记表；建设工程施工招标备案登记表；项目法人单位的法人资格证明书和授权委托书；招标公告或投标邀请书；投标报名表及合格投标人名单；招标文件或资格预审文件（采用资格预审时）；招标人、招标机构有关人员的证明材料；如委托工程招标代理机构招标，委托方和代理方签订的委托工程招标代理合同。

（4）发出中标通知书　建设行政主管部门自接到招标投标情况书面报告和招标投标备案资料之日起5个工作日内未提出异议的，招标人向中标人发放中标通知书；招标人向中标人发出的“中标通知书”应包括招标人名称、建设地点、工程名称、中标人名称、中标标价、中标日期、质量标准等主要内容。在向中标人发出“中标通知书”的同时，还应将中标结果通知所有未中标的投标人。

2.3　建设工程资格预审文件的编制

2.3.1　资格预审公告的编制

1. 资格预审公告的含义

资格预审公告是招标人通过媒体发布公告，表示招标项目采用资格预审的方式，公开邀请条件合格的潜在投标人了解招标项目的情况及资格条件，前来购买资格预审文件，参加资格预审和投标竞争。

工程项目招标采用资格预审方式时，必须在招标项目开始前发布资格预审公告，并进行资格预审。

2. 资格预审公告的内容

工程施工项目资格预审公告内容一般包括：

1）招标项目的条件，包括项目审批、核准或备案机关名称、资金来源、项目出资比例、招标人的名称等。

2）项目概况与招标范围，包括本次招标项目的建设地点、规模、计划工期、招标范围、标段划分等。

3）对申请人的资格要求，包括资质等级与业绩，是否接受联合体申请、申请标段数量。

4）资格预审方法，标明是采用合格制还是有限数量制。

5）资格预审文件的获取时间、地点和售价。

6）资格预审申请文件的提交地点和截止时间。

7）同时发布公告的媒体名称。

8）联系方式等。

3. 工程施工资格预审公告格式

为了规范施工招标资格预审文件、招标文件编制活动，促进招标投标活动的公开、公平和公正，国家发展和改革委员会等九部委联合制定了《标准施工招标资格预审文件和标准施工招标文件试行规定》（2007版）及相关附件。住建部在此基础上制定了《房屋建筑和市政工程标准施工招标资格预审文件》（2010版）和《房屋建筑和市政工程标准施工招标文件》（2010版）。根据2010版资格预审文件，工程施工资格预审公告格式见表2-1。

表2-1　工程施工资格预审公告

__________（项目名称）____标段施工招标

资格预审公告（代招标公告）

1. 招标条件

本招标项目________（项目名称）已由________（项目审批、核准或备案机关名称）以________（批文名称及编号）批准建设，项目业主为________，建设资金来自____（资金来源），项目出资比例为________，招标人为________，招标代理机构为______________。项目已具备招标条件，现进行公开招标，特邀请有兴趣的潜在投标人（以下简称申请人）提出资格预审申请。

（续）

2. 项目概况与招标范围

__________［说明本次招标项目的建设地点、规模、计划工期、合同估算价、招标范围、标段划分（如果有）等］。

3. 申请人资格要求

3.1 本次资格预审要求申请人具备________资质，____类似项目描述业绩，并在人员、设备、资金等方面具备相应的施工能力，其中，申请人拟派项目经理须具备________专业______级注册建造师执业资格和有效的安全生产考核合格证书，且未担任其他在施建设工程项目的项目经理。

3.2 本次资格预审____（接受或不接受）联合体资格预审申请。联合体申请资格预审的，应满足下列要求：________。

3.3 各申请人可就本项目上述标段中的____个标段提出资格预审申请。

4. 资格预审方法

本次资格预审采用____（合格制/有限数量制）。

5. 申请报名

凡有意申请资格预审者，请于______年______月______日至______年______月______日（法定公休日，法定节假日除外），每日上午______时至______时，下午______时至______时（北京时间，下同），在______________（有形建筑市场/交易中心名称及地址）报名。

6. 资格预审文件的获取

6.1 凡通过上述报名者，请于______年______月______日至______年______月______日（法定公休日、法定节假日除外），每日上午______时至______时，下午______时至______时，在______________（详细地址）持单位介绍信购买资格预审文件。

6.2 资格预审文件每套售价______元，售后不退。

6.3 邮购资格预审文件的，需另加手续费（含邮费）______元。招标人在收到单位介绍信和邮购款（含手续费）后______日内寄送。

7. 资格预审申请文件的递交

7.1 递交资格预审申请文件截止时间（申请截止时间，下同）为______年______月______日______时______分，地点为______（有形建筑市场/交易中心名称及地址）。

7.2 逾期送达或者未送达指定地点的资格预审申请文件，招标人不予受理。

8. 发布公告的媒体

本次资格预审公告同时在______（发布公告的媒体名称）上发布。

9. 联系方式

招 标 人：	______________	招标代理机构：	______________
地 址：	______________	地 址：	______________
邮 编：	______________	邮 编：	______________
联 系 人：	______________	联 系 人：	______________
电 话：	______________	电 话：	______________
传 真：	______________	传 真：	______________
电子邮件：	______________	电子邮件：	______________
网 址：	______________	网 址：	______________
开户银行：	______________	开户银行：	______________
账 号：	______________	账 号：	______________

______年______月______日

2.3.2 资格预审文件的组成内容

资格预审文件是招标人公开向潜在投标人公开参加招标项目投标竞争应具备资格条件的重要文件。《房屋建筑和市政工程标准施工招标资格预审文件》(2010版)规定，工程施工资格预审文件的内容包括资格预审公告、申请人须知、资格审查办法、资格预审申请文件格式、项目建设概况五部分。

1. 资格预审公告

工程项目招标人应当在国务院发展有关部门依法指定的媒体上发布资格预审公告。在不同媒体发布的同一招标项目的资格预审公告或者招标公告的内容应当一致。

2. 申请人须知

包括“申请人须知前附表”和招标基本事项总则，资格预审文件的规定，资格预审申请文件的编制、递交、审查、通知和确认的规定，申请人资格改变的规定及纪律与监督等内容。

3. 资格审查办法

资格审查办法规定资格审查时采用合格制还是有限数量制，以及审查标准、审查程序等内容。

4. 资格预审申请文件格式

资格预审申请文件主要有：资格预审申请函、法定代表人身份证明、授权委托书、联合体协议书、申请人基本情况表、近年财务状况表、近年完成的类似项目情况表、正在施工的和新承接的项目情况表、近年发生的诉讼及仲裁情况等。投标人需按规定的格式提交这些文件。

另外，《房屋建筑市政基础设施工程施工招标投标管理办法》第16条规定，资格预审文件应包括资格预审申请文件格式，申请人须知，需要申请人提供的企业资质、业绩、技术装备、财务状况和拟派出的项目经理与主要技术人员的简历、业绩等证明材料。

5. 项目建设概况

项目建设概况是指招标人对项目的说明、建设条件和建设要求等。

2.3.3 资格预审文件的格式

1. 资格预审公告

资格预审公告包括招标条件、项目概况与招标范围、申请人资格要求、资格预审方法、资格预审文件的获取与递交、发布公告的媒体、招标人的联系方式等内容，见表2-1。

2. 申请人须知

申请人须知是资格预审文件的重要组成部分，是潜在投标申请人编制和提交预审申请文件的指南。在申请人须知的最前页，有一张“申请人须知前附表”，见表2-2。

表2-2 申请人须知前附表

条款号	条款名称	编列内容
1.1.2	招标人	名称、地址、联系人、电话
1.1.3	招标代理机构	名称、地址、联系人、电话
1.1.4	项目名称	

（续）

条款号	条款名称	编列内容
1.1.5	建设地点	
1.2.1	资金来源	
1.2.2	出资比例	
1.2.3	资金落实情况	
1.3.1	招标范围	
1.3.2	计划工期	计划工期、计划开工日期、计划竣工日期
1.3.3	质量要求	
1.4.1	申请人资质条件、能力和信誉	资质条件、财务要求、业绩要求、信誉要求、项目经理（建造师，下同）资格、其他要求
1.4.2	是否接受联合体资格预审申请	不接受/接受，应满足的要求
2.2.1	申请人要求澄清 资格预审文件的截止时间	
2.2.2	招标人澄清 资格预审文件的截止时间	
2.2.3	申请人确认收到 资格预审文件澄清的时间	
2.3.1	招标人修改 资格预审文件的截止时间	
2.3.2	申请人确认收到 资格预审文件修改的时间	
3.1.1	申请人需补充的其他材料	
3.2.4	近年财务状况的年份要求	
3.2.5	近年完成的类似项目的年份要求	
3.2.7	近年发生的诉讼及仲裁情况的 年份要求	
3.3.1	签字和（或）盖章要求	
3.3.2	资格预审申请文件副本份数	
3.3.3	资格预审申请文件的装订要求	
4.1.2	封套上写明	招标人的地址、招标人全称、施工招标资格预审申请文件在何时前不得开启
4.2.1	申请截止时间	
4.2.2	递交资格预审申请文件的地点	
4.2.3	是否退还资格预审申请文件	
5.1.2	审查委员会人数	
5.2	资格审查办法	
6.1	资格预审结果的通知时间	

（续）

条款号	条款名称	编列内容
6.3	资格预审结果的确认时间	
9	需要补充的其他内容	
9.1	词语定义	
9.1.1	类似项目	
	类似项目是指：近三年具有同类工程业绩（后附中标通知书或合同）	
9.1.2	不良行为记录	
	不良行为记录是指：有无因投标申请人违约或不恰当履约引起的合同中止、纠纷、争议	
9.2	资格预审申请文件编制的补充要求	
9.2.1	“其他企业信誉情况表”应说明企业不良行为记录、履约率等相关情况，并附相关证明材料，年份同第3.2.7项的年份要求	
9.2.2	“拟投入主要施工机械设备情况”应说明设备来源（包括租赁意向）、目前的状况、停放地点等情况，并附相关证明材料	
9.2.3	“拟投入项目管理人员情况”应说明项目管理人员的学历、职称、注册执业资格、拟任岗位等基本情况，项目经理和主要项目管理人员应附简历，并附相关证明材料	
9.4	监督 本项目资格预审活动及其相关当事人应当接受有管辖权的建设工程招标投标行政监督部门依法实施的监督	
9.5	解释权 本资格预审文件由招标代理机构负责解释	
9.6	招标人补充的内容	
……	……	

3. 资格审查办法

选择招标的资格审查办法，并列上资格审查办法前附表，可采用合格制或有限数量制。

（1）审查办法　资格预审采用合格制，凡符合规定审查标准的申请人均通过资格预审。

资格预审采用有限数量制，审查委员会依据规定的审查标准和程序，对通过初步审查和详细审查的资格预审申请文件进行量化打分，按得分由高到低的顺序确定通过资格预审的申请人。通过资格预审的申请人不超过资格审查办法前附表规定的数量。

（2）审查标准（以资格预审的有限数量制）

1）初步审查标准。审查委员会根据规定，审查申请人名称是否与营业执照、资质证书、安全生产许可证一致；申请预审申请文件是否经法定代表人或其委托代理人签字并加盖单位章；申请文件格式是否符合要求；如是联合体投标，是否有联合体协议等。

2）详细审查标准。只有通过了初步审查的申请人才可进入详细审查。审查各种证件的有效性；审查资质等级是否符合规定；审查财务状况、类似工程业绩、企业信誉、项目经理资格等。

3）评分标准。对财务状况、项目经理、类似工程业绩、认证体系、信誉等量化设定评分标准。

（3）审查程序（以资格预审的有限数量制为例）

1）初步审查。审查委员会依据规定的标准，对资格预审申请文件进行初步审查。有一项因素不符合审查标准的，不能通过资格预审。审查委员会可以要求申请人提交“申请人须知”规定的有关证明和证件的原件，以便核验。

2）详细审查。审查委员会依据规定的标准，对通过初步审查的资格预审申请文件进行详细审查。有一项因素不符合审查标准的，不能通过资格预审。通过详细审查的申请人，除应满足规定的审查标准外，还不得存在下列任何一种情形：不按审查委员会要求澄清或说明的、由“申请人须知”规定的申请人不得存在情形中的任何一种情形、在资格预审过程中弄虚作假、行贿或有其他违法违规行为的。

3）资格预审申请文件的澄清。在审查过程中，审查委员会可以书面形式要求申请人对提交的资格预审申请文件中不明确的内容进行必要的澄清或说明。申请人的澄清或说明采用书面形式，并不得改变资格预审申请文件的实质性内容。申请人的澄清和说明内容属于资格预审申请文件的组成部分。招标人和审查委员会不接受申请人主动提出的澄清或说明。

4）评分。通过详细审查的申请人不少于3个且没有超过规定数量的，均通过资格预审，不再进行评分。通过详细审查的申请人数量超过规定数量的，审查委员会依据评分标准进行评分，按得分由高到低的顺序进行排序。

（4）审查结果

1）提交审查报告。审查委员会按照规定的程序对资格预审申请文件完成审查后，确定通过资格预审的申请人名单，并向招标人提交书面审查报告。

2）重新进行资格预审或招标。通过详细审查申请人的数量不足3个的，招标人重新组织资格预审或不再组织资格预审而直接招标。

4. 资格预审申请文件格式

投标人应按照如下顺序和规定格式提交资格审查申请文件：

1）资格预审申请函。

2）法定代表人身份证明。

3）授权委托书。

4）联合体协议。

5）申请人基本情况表。

6）近年财务状况表。

7）近年完成的类似项目情况表。

8）正在施工的和新承接的项目情况表。

9）近年发生的诉讼及仲裁情况。

10）其他材料。

《行业标准施工招标资格预审文件》（2010版）所列主要资格预审申请文件格式，详见表2-3～表2-11。

表 2-3　资格预审申请函

________________（招标人名称）：

1. 按照资格预审文件的要求，我方（申请人）递交的资格预审申请文件及有关资料，用于你方（招标人）审查我方参加____________（项目名称）______标段施工招标的投标资格。

2. 我方的资格预审申请文件包含第二章“申请人须知”第 3.1.1 项规定的全部内容。

3. 我方接受你方的授权代表进行调查，以审核我方提交的文件和资料，并通过我方的客户，澄清资格预审申请文件中有关财务和技术方面的情况。

4. 你方授权代表可通过____________（联系人及联系方式）得到进一步的资料。

5. 我方在此声明，所递交的资格预审申请文件及有关资料内容完整、真实和准确，且不存在第二章“申请人须知”第 1.4.3 项规定的任何一种情形。

申　请　人：____________________________（盖单位章）

法定代表人或其委托代理人：________________（签字）

电　　　话：________________________________

传　　　真：________________________________

申请人地址：________________________________

邮 政 编 码：________________________________

________年________月________日

表 2-4　法定代表人身份证明

申 请 人：________________________________

单位性质：________________________________

地　　址：________________________________

成立时间：______年______月______日

经营期限：________________________________

姓　　名：______________　性　　别：______________

年　　龄：______________　职　　务：______________

系________________________（申请人名称）的法定代表人。

特此证明。

申请人：________________（盖单位章）

______年______月______日

表 2-5　授权委托书

本人________（姓名）系________（申请人名称）的法定代表人，现委托________（姓名）为我方代理人。代理人根据授权，以我方名义签署、澄清、说明、补正、递交、撤回、修改____________（项目名称）________标段施工招标资格预审文件，其法律后果由我方承担。

委托期限：____

____。

代理人无转委托权。

附：法定代表人身份证明

申　请　人：____（盖单位章）

法定代表人：____（签字）

身份证号码：____

委托代理人：____（签字）

身份证号码：____

______年______月______日

表 2-6　申请人基本情况表

申请人名称						
注册地址				邮政编码		
联系方式	联系人			电　话		
	传　真			网　址		
组织结构						
法定代表人	姓名		技术职称		电话	
技术负责人	姓名		技术职称		电话	
成立时间			员工总人数：			
企业资质等级			其中	项目经理		
营业执照号				高级职称人员		
注册资本金				中级职称人员		
开户银行				初级职称人员		
账号				技工		
经营范围						
体系认证情况	说明：通过的认证体系、系过时间及运行状况					
备注						

表 2-7　近年完成的类似项目情况表

项 目 名 称	
项目所在地	
发包方名称	
发包方地址	
发包方电话	
合同价格	
开工日期	
竣工日期	
承包范围	
工程质量	
项目经理	
技术负责人	
总监理工程师及电话	
项目描述	
备注	

表 2-8　正在施工的和新承接的项目情况表

项 目 名 称	
项目所在地	
发包方名称	
发包方地址	
发包方电话	
签约合同价	
开工日期	
计划竣工日期	
承包范围	
工程质量	
项目经理	
技术负责人	
总监理工程师及电话	
项目描述	
备　注	

表 2-9　拟投入项目管理人员情况表

姓　名	性　别	年　龄	职　称	专　业	资格证书编号	拟在本项目中担任的工作或岗位

表 2-10　项目经理简历表

<table>
<tr><td>姓　名</td><td></td><td>年　龄</td><td></td><td>学　历</td><td></td></tr>
<tr><td>职　称</td><td></td><td>职　务</td><td></td><td>拟在本工程任职</td><td>项目经理</td></tr>
<tr><td colspan="3">注册建造师资格等级</td><td>级</td><td>建造师专业</td><td></td></tr>
<tr><td colspan="3">安全生产考核合格证书</td><td colspan="3"></td></tr>
<tr><td>毕业学校</td><td colspan="5">年毕业于　　　　学校　　　　专业</td></tr>
<tr><td colspan="6">主要工作经历</td></tr>
<tr><td>时　间</td><td>参加过的类似项目名称</td><td colspan="2">工程概况说明</td><td colspan="2">发包方及联系电话</td></tr>
<tr><td></td><td></td><td colspan="2"></td><td colspan="2"></td></tr>
<tr><td></td><td></td><td colspan="2"></td><td colspan="2"></td></tr>
</table>

表 2-11　主要项目管理人员简历表

<table>
<tr><td>岗位名称</td><td colspan="3"></td></tr>
<tr><td>姓　名</td><td></td><td>年　龄</td><td></td></tr>
<tr><td>性　别</td><td></td><td>毕业学校</td><td></td></tr>
<tr><td>学历和专业</td><td></td><td>毕业时间</td><td></td></tr>
<tr><td>拥有的执业资格</td><td></td><td>专业职称</td><td></td></tr>
<tr><td>执业资格证书编号</td><td></td><td>工作年限</td><td></td></tr>
<tr><td>主要工作业绩及担任的主要工作</td><td></td><td></td><td></td></tr>
</table>

2.3.4　资格预审程序

资格预审一般按以下程序进行：

1. 资格预审文件

对依法必须进行招标的项目，招标人应使用相关部门制定的标准文本，根据招标项目的特点和需要编制资格预审文件。

2. 发布资格预审公告

公开招标的项目，应当发布资格预审公告。对于依法必须进行招标的项目的资格预审公告，应当在国务院发展改革部门依法指定的媒体上发布。

3. 发售资格预审文件

招标人应当按照资格预审公告规定的时间和地点发售资格预审文件。资格预审文件的发售期不得少于5日。发售资格预审文件收取的费用，应当限于补偿印刷、邮寄的成本支出，不得以营利为目的。申请人对资格预审文件有异议的，应当在递交资格预审申请文件截止时间2日前向招标人提出。招标人应当自收到异议之日起3日内做出答复；做出答复前，应当暂停实施招标投标的下一步程序。

4. 资格预审文件的澄清、修改

招标人可以对已发出的资格预审文件进行必要的澄清或者修改。澄清或者修改的内容可能影响资格预审申请文件编制的，招标人应当在提交资格预审申请文件截止时间至少3日前，以书面形式通知所有获取资格预审文件的潜在投标人；不足3日的，招标人应当顺延提交资格预审申请文件的截止时间。

5. 编制并递交资格预审申请文件

潜在投标人应严格依据资格预审文件要求的格式和内容，编制、签署、装订、密封、标志资格预审申请文件，按照规定的时间、地点、方式递交。依法必须进行招标的项目，提交资格预审申请文件的截止时间，自资格预审文件停止发售之日起不得少于5日。

6. 组建资格审查委员会

国有资金占控股或者主导地位的依法必须进行招标的项目，招标人应当组建资格审查委员会审查资格预审申请文件。资格审查委员会及其成员应当遵守招标投标法及其实施条例有关评标委员会及其成员的规定。即资格审查委员会由招标人（招标代理机构）熟悉相关业务的代表和不少于成员总数的2/3的技术、经济等专家组成，成员人数为5人以上单数。其他项目由招标人自行组织资格审查。

7. 评审资格预审申请文件，编写资格审查报告

资格审查委员会应当按照资格预审文件载明的标准的方法，对资格预审申请文件进行审查，确定通过资格预审的申请人名单，并向招标人提交书面资格审查报告。资格审查报告一般包括以下内容：①基本情况和数据表；②资格审查委员会名单；③澄清、说明、补正事项纪要等；④审查程序和时间、未通过资格审查的情况说明、通过评审的申请人名单；⑤评分比较一览表和排序；⑥其他需要说明的问题。

8. 确认通过资格预审的申请人

招标人根据资格审查报告确认通过资格预审的申请人，并向其发出投标邀请书（代资格预审合格通知书）。招标人应要求通过资格预审的申请人收到通知后，以书面方式确认是否参与投标。同时，招标人还应向未通过资格预审的申请人发出资格预审结果的书面通知。

其中，编制资格预审文件和组织进行资格预审申请文件的评审，是完成资格预审程序中的两项重要内容。

2.4 建设工程招标文件的编制

2.4.1 招标文件的作用

招标文件的编制是招标准备工作中最重要的环节，其重要性体现在两个方面。

1）招标文件是提供给投标人的投标依据。施工招标文件中应清楚无误地向投标人介绍实施工程项目的有关内容和要求，包括工程基本情况、预计工期、工程质量要求、支付规定

等方面的信息，以便投标人据此编制投标书。

2）招标文件的主要内容是签订合同的基础。招标文件中除投标须知以外的绝大多数内容，都将构成今后合同文件的有效组成部分。尽管在招标过程中，招标人可能对招标文件中的某些内容或要求提出补充和修改意见，投标人也会对招标文件提出一些修改要求或建议，但招标文件中对工程施工的基本要求不会有太大变动。由于合同文件是工程实施过程中双方都应该严格遵守的规则，也是发生纠纷时进行判断和裁决的标准，所以招标文件不仅决定了发包方在招标期间能否选择一个优秀的承包方，还关系到工程施工能否顺利实施，以及发包方与承包方双方的经济利益。编制一份好的招标文件可以减少合同履行过程中的变更和索赔，意味着工程管理和合同管理已成功一半。

2.4.2 招标文件的编制依据和原则

1. 编制依据

1）严格遵守《中华人民共和国招标投标法》《中华人民共和国合同法》《中华人民共和国保险法》（以下简称《保险法》）《中华人民共和国环境保护法》《建筑法》《建设工程质量管理条例》《建设工程安全生产管理条例》等与工程建设有关的现行法律法规，不得做任何突破或超越。

2）各行业的行业标准。

3）标准施工招标资格预审文件（包括资格预审公告、申请人须知、资格审查办法、资格预审申请文件格式、项目建设概况五章）。

4）标准施工招标文件（包括招标公告或投标邀请书、投标人须知、评标办法、合同条款及格式、工程量清单、图纸、技术标准和要求、投标文件格式八章）。

2. 编制原则

建设工程招标文件是编制投标文件的重要依据，也是评标的依据。招标文件的编制必须做到系统、完整、准确、明了，即提出明确的要求和目标，使投标人一目了然。编制招标文件的依据和原则如下：

1）确定建设单位和建设项目是否具备招标条件，不具备条件的需委托具有相应资质的咨询、监理单位代理招标。

2）必须遵守招标投标法及有关法律的要求。因为招标文件是中标者签订合同的基础。按合同法规定，凡违反国家法律、法规和有关规定的合同属于无效合同。招标文件必须符合国家招标投标法、合同法等多项有关法规、法令等。

3）应公正、合理地处理招标人投标人的关系，保护双方的利益。如果招标人在招标文件中不恰当地、过多地将风险转移给投标人一方，势必迫使投标人加大风险费用，提高投标报价，最终还是招标人一方增加支出。

4）招标文件应正确、详尽地反映项目的客观、真实情况，这样才能使投标人在客观可靠的基础上投标，减少签约、履约的争议。

5）招标文件各部分的内容必须统一。这一原则是为了避免各份文件之间的矛盾。招标文件涉及投标人须知、合同条件、规范、工程量表等多项内容。如果文件各部分之间矛盾多，就会给投标工作和履行合同的过程中带来许多争端，甚至影响工程的施工。

2.4.3 建设工程招标文件的主要内容

招标文件既是投标人编制投标书的依据，也是招标阶段招标人的行为准则。由于招标工程的规模、专业特点、发包的工作范围不同，因此其内容有繁有简。为了能使投标人在招标阶段明确自己的义务、合理预见实施阶段的风险，招标文件应包含以下几个方面的内容：

1. 投标邀请书

投标邀请书是发给通过资格预审投标人的投标邀请信函，并请其确认是否参与投标。

2. 投标人须知

投标人须知是对投标人投标时的注意事项的书面阐述和告知，投标人须知包括两个部分：第一部分是投标须知前附表，是投标人须知正文部分的概括和提示，放在投标人须知正文前面，有利于引起投标人注意和便于查阅检索。第二部分是投标须知正文，主要内容包括对总则、招标文件、投标文件、开标、评标、合同授予等方面的说明和要求。

3. 合同主要条款

我国建设工程施工合同包括“建设工程施工合同条件”和“建设工程施工合同协议条款”两部分。“合同条件”为通用条件，共计 10 个方面 41 条。“协议条款”为专用条款。合同条款是招标人与中标人签订合同的基础，随招标文件发给投标人，一方面要求投标人充分了解合同义务和应该承担的风险责任，以便在编制投标文件时加以考虑；另一方面允许投标人在投标文件中以及合同谈判时提出不同意见，如果招标人同意，也可以对部分条款的内容予以修改。

4. 投标文件格式

投标文件是由投标人授权的代表签署的一份文件，一般都是由招标人或咨询工程师拟定好的固定格式，由投标人填写。

5. 采用工程量清单招标的，应当提供工程量清单

《建设工程工程量清单计价规范》规定，工程量清单是表现拟建工程实体性项目和非实体性项目名称和相应数量的明细清单，以满足工程建设项目具体量化和计量支付的需要。

实践中常见的有单价合同和总价合同两种主要合同形式，均可以采用工程量清单计价，区别仅在于工程量清单中所填写的工程量的合同约束力。采用单价合同形式的工程量清单是合同文件必不可少的组成内容，其中的清单工程量具备合同约束力。招标时的工程量是暂估的，工程款结算时按照实际计量的工程量进行调整。总价合同形式中，已标价工程量清单中的工程量不具备合同约束力，实际施工和计算工程变更的工程量均以合同文件的设计图纸所标示的内容为准。

《标准施工招标文件》第五章“工程量清单”包括了四部分内容：工程量清单说明、投标报价说明、其他说明和工程量清单。

6. 技术条款

技术条款是投标人编制施工规划和计算施工成本的依据。一般有 3 个方面的内容：一是提供现场的自然条件，二是现场施工条件，三是本工程采用的技术规范。

7. 设计施工图纸

图纸是招标文件和合同的重要组成部分，是编制工程量清单以及投标报价的重要依据，也是进行施工及验收的依据。通常，招标时的图纸并不是工程所需的全部图纸，在投标人中

标后还会陆续颁发新的图纸以及对招标时的图纸进行修改。因此，在招标文件中，除了附上招标图纸外，还应该列明图纸目录。图纸目录一般包括序号、图名、图号、版本、出图日期等。图纸目录以及相对应的图纸将对施工过程的合同管理以及争议发挥重要作用。

8. 评标标准和方法

评标标准和方法应根据工程规模和招标范围详细地确定出来。

招标文件中的评标办法主要包括选择评标方法、确定评审因素和标准以及确定评标程序三方面内容。

1）评标方法。评标方法一般包括经评审的最低投标法，综合评估法和法律、行政法规允许的其他评标方法。

2）评审因素和标准。招标文件应针对初步评审和详细评审分别制定相应的评审因素和标准。

3）评标程序。评标工作一般包括初步评审、详细评审、投标文件的澄清和补正及评标结果等具体程序。

① 初步评审。按照初步评审因素和标准评审投标文件，进行废标认定和投标报价算术错误修正。

② 详细评审。按照详细评审因素和标准分析、评定投标文件。

③ 投标文件的澄清和补正。初步评审和详细评审阶段，评标委员会可以书面形式要求投标人对投标文件中不明确的内容进行书面澄清和说明，或者对细微偏差进行补正。

④ 评标结果。对于最低投标法，评标委员会按照经评审的评标及由低到高的顺序推荐中标候选人；对于综合评估法，评标委员会按照得分由高到低的顺序推荐中标候选人。评标委员会按照招标人授权，可以直接确定中标人。评标委员会完成评标后，应当向招标人提交书面评标报告。

9. 投标辅助材料

投标辅助材料主要包括项目经理简历表、主要施工管理人员表、主要施工机构设备表、项目拟分包情况表、劳动力计划表、近三年的资产负债表和损益表、施工方案或施工组织设计、施工进度计划表、临时设施布置及临时用电表等。

招标人应当在招标文件中规定实质性要求和条件，并以醒目的方式标明。

2.4.4 建设工程招标文件编制的注意事项

建筑工程施工招标文件编制的注意事项包括以下几点：

1）评标原则和评标办法细则，尤其是计分方法在招标文件中要明确。

2）投标价格中，一般结构不太复杂或工期在12个月以内的工程，可以采用固定价格，考虑一定的风险系数。结构复杂的或大型的工程，工期在12个月以上的，应采用调整价格。调整方法和调整范围应在招标文件中明确规定。

3）在招标文件中应明确投标价格计算依据。

4）质量标准必须达到国家施工验收规范合格标准，对于要求质量达到优良标准的，应计取补偿费用，补偿费用的计算办法应按照国家或地方的有关文件规定执行，并在招标文件中加以明确。

5）招标文件中的建筑工期应该参照国家或地方颁发的工期定额来确定，如果要求的工期比工期定额缩短20%以上（含20%）的，应计算赶工措施费。赶工措施费如何计取应该在招标文件中加以明确。由于施工单位的原因造成不能按照合同工期竣工时，已计取赶工措施费的需扣除，同时还应该承担给建筑单位带来的损失。损失费用的计算方法或规定应该在招标文件中加以明确。

6）如果建筑单位要求按合同工期提前竣工交付使用，应该考虑计取提前工期奖，提前工期奖的计算方法应在招标文件中加以明确。

7）招标文件中应该明确投标准备时间。即从开始发放招标文件之日起，至投标截止时间，最短不得少于20天。

8）在招标文件中应明确投标保证金数额，一般该保证金数额不超过投标总价的2%，投标保证金的有效期应超过投标有效期。

9）中标单位应按规定向招标单位提交履约担保，履约担保可采用银行保函或履约担保书。履约担保比率一般为：银行出具的银行保函为合同价格的5%，履约担保书为合同价格的10%。

10）投标有效期的确立应视工程情况确定，结构不太复杂的中小型工程投标有效期可定为28天以内，结构复杂的大型工程投标有效期可定为56天。

11）材料或设备采购、运输、保管的责任应在招标文件中明确。如果建筑单位提供材料或设备，应列明材料或设备名称、品种或型号、数量，以及提供日期和交货地点等。此外，还应该在招标文件中明确招标单位提供的材料或设备计价和结算退款的方式、方法。

12）关于工程量清单，招标单位按照国家颁布的统一工程项目划分、统一计量单位和统一工程量计算规则，根据施工图纸计算工程量，提供给投标单位作为投标报价的基础。结算拨付工程款时，以实际工程量为依据。

13）合同专用条款的编写。招标单位在编制招标文件时，应根据《中华人民共和国合同法》《建筑工程施工合同管理办法》的规定和工程具体情况确定招标文件合同专用条款的内容。

14）投标单位在收到招标文件后，若有问题需要澄清，应于收到招标文件后以书面形式向招标单位提出，招标单位将以书面形式向投标预备会做出解答，答复将发送给所有获得招标文件的投标单位。

15）招标人对已经发出的招标文件想进行必要的澄清或修改的，应当在招标文件要求提交投标文件截止时间至少15日前，以书面形式通知所有招标文件收受人。该澄清或修改内容为招标文件的组成部分。

2.5 建设工程招标控制价的编制

2.5.1 招标控制价的编制依据和原则

1. 招标控制价概念

招标控制价是招标人根据国家或省级、行业建设主管部门颁发的有关计价依据和办法，按设计施工图纸计算的对招标工程限定的最高工程造价。

招标控制价是在工程采用招标发包的过程中，由招标人根据有关计价规定计算的工程造价，其作用是招标人用于招标工程发包的最高限价，有的地方亦称拦标价、预算控制价或最高报价等。

2. 招标控制价的编制依据和计价特点

(1) 招标控制价的编制依据

①《建设工程工程量清单计价规范》。

② 国家或省级、行业建设主管部门颁发的计价定额和计价办法。

③ 建设工程设计文件及相关资料。

④ 拟定的招标文件及招标工程量清单。

⑤ 与建设项目相关的标准、规范、技术资料。

⑥ 施工现场情况、工程特点及常规施工方案。

⑦ 工程造价管理机构发布的工程造价信息，工程造价信息没有发布的，参照市场价。

⑧ 其他相关资料。

(2) 招标控制价的计价特点　编制招标控制价时，既要遵守计价规定，又要体现招标控制价的计价特点。

① 使用的计价标准、计价政策应符合国家或省级、行业建设主管部门颁布的计价定额和相关政策规定。

② 采用的材料价格应是工程造价管理机构通过各个造价信息发布材料单价，若工程造价信息未发布材料单价的材料，其材料价格应通过市场调查确定。

③ 国家或省级、行业建设主管部门对工程造价计价中的费用或费用高标准有政策规定的，应按政策规定执行。费用或费用标准的政策规定有幅度的，应按幅度的上限执行。

3. 招标控制价的编制原则

招标控制价应当参考国务院和省、自治区、直辖市人民政府建设行政主管部门制定的工程造价计价办法和计价依据以及其他有关规定，根据市场价格信息，由招标单位或委托有相应资质的招标代理机构和工程造价咨询以及监理单位等中介组织进行编制。招标控制价编制人员应严格按照国家的有关政策规定，科学公正地编制招标控制价，必须以严肃认真的态度和科学的方法进行编制，应当实事求是，综合考虑和体现招标人和投标人的利益。

编制招标控制价应遵循以下原则。

1）根据国家公布的统一工程项目划分、统一计量单位、统一计算规则以及施工图纸、招标文件，并参照国家、行业或地方批准发布的定额和国家、行业规定的技术标准规范以及要素市场价确定工程量和编制招标控制价。

2）招标控制价应由招标人编制，但当招标人不具备编制招标控制价的能力时，应委托具有相应工程造价咨询资质的工程造价咨询人编制。

3）招标控制价超过批准的概算时，招标人应将其概算报审批部门审核，投标人上报投标报价高于招标控制价的，其投标应予以拒绝。

4）招标文件中的工程量清单标明的工程量是投标人投标报价的基础，竣工结算工程量按发、承包双方在合同中的约定应予计量且实际完成的工程量确定。

工程量清单计价方法是指投标人按照招标人或其委托的招标机构提供的工程量清单、施工图纸及招标文件规定的报价要求进行投标报价。全部使用国有资金投资或国有资金投资为主的中型工程，应当采用工程量清单计价方法招标。

5）措施项目清单计价应根据拟建工程的施工组织设计，可以计算工程量的措施项目，应按分部分项工程量清单的方式采用综合单价计价；其余的措施项目可以“项”为单位的方式计价，应包括除规费、税金外的全部费用。

6）措施项目清单中的安全文明施工费应按照国家或省级、行业建设主管部门的规定计价，不得作为竞争性费用。

7）规费和税金按国家或省级、行业建设主管部门的规定计算，不得作为竞争性费用。

8）采用工程量清单计价的工程，应在招标文件或合同中明确风险内容及其范围，不得采用无限风险、所有风险或类似语句规定风险内容及其范围。

9）其他项目费按下列规定计价。

① 为保证工程施工建设的顺利实施，对于施工中可能出现的各种不确定因素对工程造价的影响，在招标控制价中需估算一笔暂列金额。

② 暂列金额可根据工程的复杂程度、设计深度、工程环境条件进行估算，一般可以分部分项工程费的10%~15%作为参考。

③ 估价中的材料单价应根据工程造价信息或参照市场价格估算，暂估价中的专业工程金额应分不同专业，按有关计价规定估算。

④ 编制招标控制价时，对计日工中的人工单价和施工机械台班单价应按省级、行业建设主管部门或其授权的工程造价管理机构公布的单价计算。

⑤ 编制招标控制价，材料应按工程造价管理机构发布的工程造价信息中的材料单价计算。

⑥ 承包服务费应按省级或行业建设主管部门的规定计算。

（10）招标控制价应在招标时公布，不应上浮或下调，招标人应将招标控制价及其有关资料报送工程所在地工程造价管理机构备查。

2.5.2 招标控制价的编制方法

《建筑工程施工发包与承包计价管理办法》第五条规定，施工图预算、招标控制价和投标报价由成本、利润和税金构成。其编制可以采用工料单价法和综合单价法两种计价方法。但《建设工程工程量清单计价规范》规定采用工程量清单计价的，建设工程造价由分部分项工程费、措施项目费、其他项目费、规费和税金组成，并且应采用综合单价计价。

1. 分部分项工程量清单与计价表的编制

分部分项工程综合单价 = 人工费 + 材料费 + 机械使用费 + 企业管理费 + 利润等

（1）确定计算基础　计算基础主要包括消耗量的指标和生产要素的单价。应根据拟订的施工方案确定完成清单项目需要消耗的各种人工、材料、机械台班的数量。计算时，应采用国家、地区、行业定额，并通过调整来确定清单项目的人、材、机单位用量。各种人工、材料、机械台班的单价，则应根据询价的结果和市场行情综合确定。

（2）计算工程内容的工程数量与清单单位的含量　每一项工程内容都应根据所选定额的工程量计算规则计算其工程数量，当定额的工程量计算规则与清单的工程量计算规则相一致时，可直接以工程量清单中的工程量作为工程内容的工程数量。

采用清单单位含量计算人工费、材料费、机械使用费时，还需要计算每一计量单位的清单项目所分摊的工程内容的工程数量，即清单单位含量。

(3) 分部分项工程人工、材料、机械使用费的计算　它是以完成每一计量单位的清单项目所需的人工、材料、机械用量为基础计算，再根据预先确定的各种生产要素的单位价格计算出每一计量单位清单项目的分部分项工程的人工费、材料费与机械使用费。

(4) 计算综合单价　管理费和利润的计算可按照人工费、材料费、机械费之和按照一定费率取费计算。

$$管理费=(人工费+材料费+机械使用费)\times 管理费费率$$

$$利润=(人工费+材料费+机械使用费+管理费)\times 利润率$$

将五项费用汇总并考虑合理的风险后，即可得到分部分项工程量清单综合单价。根据计算出的综合单价，可编制分部分项工程量清单与计价分析表。

2. 措施项目费的编制

措施项目费应根据招标文件中的措施项目清单按规定计价。措施项目清单计价应根据拟建工程的施工组织设计，可以计算工程量的措施项目应按分部分项工程量清单的方式采用综合单价计价；其余的措施可以“项”为单位的方式计价，应包括除规费、税金外的全部费用。措施项目清单中的安全文明施工费应按照国家或省级、行业建设主管部门的规定计价，不得作为竞争性费用。

凡可精确计量的措施清单项目宜采用综合单价方式计价，其余的措施清单项目采用以“项”为计量单位的方式计价。

3. 其他项目费的编制

1）暂列金额应根据工程特点，按有关计价规定估算。在招标控制家中需估算一笔暂列金额。暂列金额可根据工程的复杂程度、设计深度、工程环境条件（包括地质、水文、气候条件等）进行估算，一般可按分部分项工程费的10%～15%作为参考。

2）暂估价中的材料单价应根据工程造价信息或参照市场价格估算；暂估价中的专业工程金额应分不同专业，按有关计价规定估算；暂估价中的检验试验费应根据分部分项工程费和措施项目费合计数乘以规定的费率估算。

3）计日工应根据工程特点和有关计价依据计算。计日工包括计日工人工、材料和施工机械费用。计日工综合单价应含管理费、利润，但不含规费、税金。在编制招标控制价时，对计日工中的人工单价和施工机械台班单价，按建设主管部门或其授权的工程造价管理机构公布的单价计算；材料价格按当地工程造价管理机构发布的市场信息计算，对于未发布市场价格信息的材料，其价格按市场调查确定的价格计算。

4）总承包服务费。编制招标控制价时，总承包服务费按照省级建设主管部门的规定计算，或参考标准估算。

5）检验试验费。应根据分布分项工程费和措施项目费合计数乘以规定费率计算。

4. 税前项目费的编制

税前项目费在计价时，可直接通过当地的工程造价管理机构发布的税前项目市场报价或自行确定报价，该项目报价应含除税金以外的全部费用。

5. 规费和税金的编制

规费和税金必须按国家或省级、行业建设主管部门的有关规定计算，不得作为竞争性费用。

6. 汇总编制资料

汇总各专业造价文件，形成初步成果，完善“编制说明”；征询有关各方的意见并汇总，根据意见对成果文件进行修正。

2.5.3 招标控制价编制的注意事项

1. 严格依据有关规定编制招标控制价

客观、合理、合法的招标控制价编制，是工程招标公平、公正的前提。招标控制价不仅要依据招标文件和发布的工程量清单编制，还要全面、正确地使用行业和地方的计价定额和价格信息，准确计算不可竞争的税费。对于竞争性措施费用，不仅要采用竞争性费用，还要采用专家论证的方案合理确定。

2. 一个招标工程只能设立一个招标控制价，招标控制价格式尽量简化

一个建设项目由一个或多个单项工程组成，一个单项工程由一个或多个单位工程组成。如一般的民用建筑工程通常包括建筑装饰装修工程、给排水工程、电气工程、消防工程、通风空调工程、智能化工程六个单位工程。在编制招标控制价时，为了减少篇幅，建议如无特殊情况，不需按照每个单位工程各自设置一套工程量清单，可以根据需要将某栋楼的给排水、电气、通风空调、消防、智能等单位工程合并成一个单位工程，再与建筑装饰单位工程合并成一个单项工程编制一套招标控制价。

3. 封面签字不得遗漏

招标控制价封面需按要求签字、盖章，不得有任何遗漏。其中，工程造价咨询人需盖单位资质专用章；编制人和复核人需要同时签字和盖专用章，且两者不能为同一人，复核人必须是造价工程师。当一套招标控制价涉及多个专业的造价人员编制时，每个专业都要有一名编制人在封面相应处签字盖章。

4. 编制说明内容应尽可能地详尽

编制说明内容应包括：工程概况、招标和分包范围、具体的计价依据（如施工图号、清单规范及实施细则、具体的定额名称及参考的信息价等）及其他有关问题说明，不能过于简化。装饰工程及安装工程部分材料价格品牌差异大，因此对于这两个专业的材料总说明（项目少的可在清单名称描述中注明），应分别写明各种主要材料的品牌、档次，未注明的则按普通档次产品定价。

5. 招标控制价应当反映招标控制价编制期的市场价格水平

招标控制价编制单位和编制人员不得在编制过程中有意抬高、压低价格或者提供虚假造价控制报告。

6. 招标控制价的投诉处理

有关人员对招标控制价进行投诉，行政监督部门认为必要的，可以责成招标人和投诉人共同委托具有相应工程造价咨询资质的中介机构对招标控制价进行鉴定。

复习思考与练习

一、简答题

1. 建设工程招标的概念是什么？

2. 必须进行招标的工程有哪些？

3. 建筑工程项目施工招标条件有哪些？

4. 建筑工程项目施工招标程序是怎样的？

5. 什么是公开招标？什么是邀请招标？

6. 什么是招标文件？招标文件的内容是什么？

7. 什么是标底？

8. 建设工程招标的特点、作用有哪些？

9. 编制建设工程招标标底的原则、依据是什么？

10. 材料设备采购招标的方法有哪些？

二、项目实训一

某工程对投标人进行资格预审，有44家公司提出申请，22家合格，但由于项目其他部分工程的拖延，该工程在资格预审两年后才开始招标。业主建议在招标文件中加入资格后审一项，要求投标人更新其资格材料。

问题：这样的程序是否合适？

三、项目实训二

某办公楼的招标人于2010年10月11日向具备承担该项目能力的A、B、C、D、E五家承包商发出投标邀请书。其中说明，10月17—18日9—16时在该招标人总工程师室领取招标文件，11月8日14时为投标截止时间。该五家承包商均接受邀请，并按规定时间提交了投标文件。但承包商A在送出投标文件后发现报价估算有较严重的失误，遂赶在投标截止时间前10分钟又递交了一份书面声明，并撤回了已提交的投标文件。

开标时，由招标人委托的市公证处人员检查投标文件的密封情况，确认无误后，由工作人员当众拆封。由于承包商A已撤回投标文件，故招标人宣布有B、C、D、E四家承包商投标，并宣读该四家承包商的投标价格、工期和其他主要内容。

评标委员会委员由招标人直接确定，共由7人组成，其中招标人代表2人，本系统技术专家2人、经济专家1人，外系统技术专家1人、经济专家1人。

在评标过程中，评标委员会要求B、D两投标人分别对施工方案做详细说明，并对若干技术要点和难点提出问题，要求其提出具体、可靠的实施措施，作为评标委员的招标人代表希望承包商B再适当考虑一下降低报价的可能性。

按照招标文件中确定的综合评标标准，4个投标人的综合得分从高到低的依次顺序为B、D、C、E，故评标委员会确定承包商B为中标人。由于承包商B为外地企业，招标人于11月10日将中标通知书以挂号方式寄出，承包商B于11月14日收到中标通知书。

由于从报价情况来看，4个投标人的报价从低到高的依次顺序为D、C、B、E，因此，从11月16日至12月11日，招标人又与承包商B就合同价格进行了多次谈判，结果承包商B将价格降到略低于承包商C的报价水平，最终双方于12月12日签订了书面合同。

问题：

（1）从招投标的性质看，本案例中的要约邀请、要约和承诺的具体表现是什么？

（2）从所介绍的背景资料来看，在该项目的招标投标程序中在哪些方面不符合《中华人民共和国招标投标法》的有关规定？请逐一说明。

第 3 章

建设工程投标

3.1　建设工程投标概述

3.1.1　建设工程投标的相关概念

1. 投标人的概念

按照《中华人民共和国招标投标法》的规定，投标人是指响应招标、参加投标竞争的法人或者其他组织。所谓响应招标，是指投标人对招标人在招标文件中提出的实质性要求和条件做出响应。《中华人民共和国招标投标法》还规定，依法招标的科研项目允许个人参加投标，投标的个人适用本法有关投标人的规定。因此，投标人的范围除了包括法人、其他组织，还应当包括自然人。

2. 投标的概念

投标是与招标相对应的概念，它是指投标人应招标人的邀请或投标人满足招标人最低资质要求而主动申请，按照招标的要求和条件，在规定的时间内向招标人递交标书，争取中标的行为。工程施工投标的内容主要包括工期、质量、价格、施工方案等指标。

3. 联合体投标的概念

联合体投标也叫共同投标，它是指两个以上法人或者其他组织组成一个联合体，以一个投标人的身份共同投标的行为。联合体各方均应具备国家规定的资格条件以及承担招标项目的相应能力。

3.1.2　建设工程投标的程序和内容

建设工程项目投标程序是指承包商在投标活动中从成立投标小组到正式递交投标文件参加开标会议的整个程序。投标既是一项严肃认真的工作，又是一项决策工作，必须按照当地规定的程序和做法，满足招标文件的各项要求，遵守有关法律法规的规定，在规定的时间内进行公平、公正的竞争。为了取得成功，投标必须按照一定的程序进行，才能保证招标的公正合理性与中标的可能性。

工程施工项目投标一般要经过的以下几个阶段：

（1）前期准备阶段

1）主动、提前掌握工程招标信息。由于国家推行工程招投标制度，对重要投资项目实行强制招投标。参加工程施工投标，已成为施工企业获取工程项目承包的主要方式。因此，施工企业必须高度重视招标信息的获取，积极关注工程施工项目的前期进展情况，做好投标前的各项准备工作，一旦发布招标信息，就可主动参加投标。如果被动地等待招标信息发布后才开始做投标准备工作，就会因时间紧而准备不足，从而失去中标希望，甚至在资格审查阶段就被淘汰。

2）提前介入工程投标环境调查。工程投标环境是招标工程项目施工的自然、经济和社会条件，国内项目具体是指自然地理条件、工程施工条件、材料设备供应条件以及市场状况调查。这些条件都是工程施工的制约因素，必然影响到工程成本。要想做出恰当的投标书，仅靠招标公告后给的投标时间往往是不够的。因此，施工企业要提前做好调查准备。一般应至少了解以下内容：

① 施工现场是否达到招标文件规定的条件。

② 施工现场的地理位置和地形、地貌。

③ 施工现场的地址、土质、地下水位、水文等情况。

④ 施工现场的气候条件，如气温、湿度、风力等。

⑤ 现场的环境，如交通、供水、供电、污水排放等。

⑥ 临时用地、临时设施搭建等，即工程施工过程中临时使用的工棚、堆放材料的库房以及这些设施所占的地方等。

投标人提出的报价应当是在现场考察的基础上编制出来的，而且应包括施工中可能遇见的各种风险和费用。

3）积极做好本企业投标资格的各项资料准备，随时可以参加资格审查。资格预审是投标人能否通过投标过程中的第一关。申报资格预审应注意的事项主要如下：

① 平时对一般资格预审的有关资料注意积累，储存在计算机中，在针对某个项目填写资格预审调查表时，将有关资料调出来，并加以补充完善。

② 在投标决策阶段，研究并确定今后本公司发展的地区和项目时，应注意收集信息，如果有合适的项目，要及早动手做资格预审的申请准备。

③ 加强填表时的分析，既要针对工程特点填好重点内容，又要反映出本公司的施工经验、施工水平和施工组织能力。这是业主考虑的重点。

④ 做好递交资格预审表后的跟踪工作，以便及时发现问题、补充资料。如果是国外工程，可通过当地分公司或代理人进行相关查询工作。

（2）投标准备阶段

1）组织投标工作机构。投标工作是一个复杂的系统工程，不是一两个人能够胜任和完成的，需要各方面人才的分工合作。建立一个强有力的投标机构是投标获得成功的根本保证。招标公告或资格预审公告发布后，投标机构应迅速成立投标工作机构，及时开展投标工作。投标机构应该由三类人才组成：经营管理人才、专业技术人才、商务金融人才。

投标企业还可以委托投标代理机构开展各项工作，聘请企业外资深专家为投标提供咨询服务。

2）购买招标文件，认真研究招标文件。资格预审通过后，或针对资格后审的招标项目，投标人购买招标文件后，就开始编制投标文件。有经验的投标商一般并不急于编制投标文件，而是会认真研究招标文件，吃透其中的实质性内容，特别是评标规则，对实质性要求和条件做出恰当的响应。对招标文件不明确的地方或有矛盾的地方不论选择提出质疑还是沉默要十分清楚，都要使自己始终处在主动的地位上。如招标文件对于质量和工期的要求，投标人切不可为了显示对招标文件的实质性要求有更高的响应而提高标准或提交更多资料，如工期质量报优良，工期较计划工期大幅缩短；如果类似工程项目要求有 5 个就可以得满分，那么投标人报 20 个甚至更多对中标一点帮助都没有，反而还易成废标。还有，对招标文件要求不一致的地方，如对人员的要求，有的地方要求项目经理应具有高级职称，有的地方要求只具有中级职称就可以了。这时要按照对本企业最有利的原则进行处理。

投标人要认真研究的招标文件内容还包括：招标人对投标报价的要求，是单价合同还是总价合同，对工程量清单报价的工程量要认真核对，做到心中有数；合同条件是否符合规定；规范与图纸分析可能会涉及施工方法，影响投标报价。

3）参加现场踏勘，并对有关疑问提出质疑。无论招标人是否组织现场踏勘，投标人都要去现场踏勘，以及时发现与前期调研不同的情况，并对有关疑问做出是否提出质疑的分析，适时提出质疑。

（3）投标报价阶段

1）编制投标书及报价。投标工作机构的专业技术人才负责技术标的编制工作，商务金融人才负责商务标和投标报价的编制工作。对于工程量清单报价，则必须是本单位的注册造价师或造价员才具有签字权。经营管理者做出最后投标决策。

2）编制备忘录提要。招标文件中一般都有明确规定，不允许投标人对招标文件的各项要求进行随意取舍、修改或提出保留。但是在投标过程中，投标人在对招标文件进行仔细研究后，通常会发现很多问题，这些问题可归纳如下：

① 发现的问题对投标人有利。对于投标人有利的问题，可以在投标时加以利用或在以后提出索赔，投标人在投标时候一般是不提的。

② 发现的问题明显对投标人不利，如总价包干合同中的工程漏项或工程量偏少，投标人应及时向业主提出疑问，要求业主更正。

③ 投标人企图通过修改某些招标文件和条款或希望补充某些规定，以便使自己在合同实施时能处于主动地位。

3）装订投标文件、递交投标书。投标文件装订的质量好坏会影响到评委对投标人的基本印象，因此要注重装订质量。在投标截止前，还要及时交纳投标保证金，并要求开具收据。投标保证金转账底单和收据复印件往往是投标文件的组成部分，必须放在投标文件中。

递送投标文件也称递标，指投标人编制投标文件完成后，在招标文件规定的投标截止日期之前，将准备好的所有投标文件密封报送到指定的地点的行为。

招标人或者招标代理机构收到投标文件后，应当签收保存，并应采取措施确保投标文件的安全，以防失密。投标人报送投标文件后，在截止日期之前允许撤回投标文件，可对其进行修改补充。修改或补充的内容作为投标文件的组成部分。投标人的投标文件在投标截止日期以后送达的，将被招标人拒收。

需要注意的是，除上述规定的投标书外，投标人还可以写一份更为详细的致函，对自己的投标报价做必要的说明，以吸引招标人对递送这份投标书的投标人产生兴趣和信心。

4）参加开标会议。开标会议不是法定要求投标人必须参加的，但如果招标人有要求，投标人就应响应并参加。

（4）签约阶段

1）接受中标通知书。投标人一旦接到中标通知书，应及时与招标人联系。

2）进行合同谈判。虽然招标文件给出了合同文件，但关于工程内容和范围的某些具体工作内容还需进行讨论、修改、明确或细化，还有技术要求、技术规范和施工技术方案，以及关于价格调整条款等。

3）与招标人签订合同。签订工程施工合同意味着此次投标工作的圆满结束，投标人转为工程承包人，并及时交纳履约保证金。

3.1.3 建设工程施工投标文件的组成

1. 资格预审申请文件的组成

资格预审申请文件由以下内容组成：

1）投标人组织与机构、营业执照、资质等级证书。

2）资源方面的情况，包括财务、管理、技术、劳动力、设备等情况。

3）近三年完成工程的情况。

4）目前正在履行的合同情况。

5）本企业各种奖励或者处罚资料。

6）与本项目资格预审有关的其他资料。

2. 投标文件的组成

《工程建设项目施工招标投标办法》规定，投标文件一般包括投标函、投标报价、施工组织设计、商务和技术偏差表。

工程施工的复杂性决定了工程施工投标文件复杂性。根据国家发改委等多个部委联合发布的《标准施工招标文件范本》，施工投标文件应包括下列内容：

1）投标函及投标函附录。

2）法定代表人身份证明或附有法定代表人身份证明的授权委托书。

3）联合体协议书（如果有，就提供）。

4）投标保证金。

5）已标价工程量清单。

6）施工组织设计。

7）项目管理机构。

8）拟分包项目情况表。

9）资格审查资料。

10）投标人须知前附表规定的其他材料。

3.2 建设工程投标决策与技巧

3.2.1 建设工程投标决策

1. 建设工程投标决策的含义

所谓投标决策，就是针对某工程招标项目，投标人是选择参加还是不参加。这包括三方面内容：一是针对某项目是投标还是不投标，即选择投标对象；二是倘若投标，是投什么性质的标，即投标报价策略问题；三是投标中如何采用以长治短、以优胜劣的策略与技巧。投标决策的正确与否，关系到能否中标和中标后的效益，关系到投标企业的发展前景和职工的经济利益。因此，企业的决策班子必须充分认识到投标决策的重要意义。

2. 投标决策的阶段的划分

投标决策阶段可以分为两个阶段，即投标决策的前期阶段和投标决策的后期阶段。

（1）投标决策的前期阶段　投标决策的前期主要是投标人及其决策班子对是否参加投

标进行研究、论证并做出决策。这个阶段的决策必须在投标人参加投标资格预审前完成。投标决策的主要依据是招标人发布的招标广告；对招标工程项目的跟踪调查情况；对业主情况的调研和了解的程度；如果是国际工程，还包括对工程所在国和工程所在地的调研和了解程度。其中应放弃投标的招标项目：

1）施工企业主营和兼营能力以外的项目。

2）工程规模、技术要求超过本施工企业技术等级的项目。

3）施工企业生产任务饱满，无力承担的工程项目。

4）招标工程的赢利水平较低或风险较大的项目。

5）本施工企业技术等级、信誉和施工水平明显不如竞争对手的项目。

（2）投标决策的后期阶段　该阶段指从申报投标资格预审资料至投标报价期间的决策研究阶段，主要研究投什么性质的标以及投标中采取的策略问题。承包商应结合自身经济实力和施工管理水平做出选择。

1）企业经济实力雄厚且施工管理水平较高的条件下，可投风险标、亏损标或赢利标。

2）企业经济实力较差且施工管理水平一般的情况下，可投保险标、保本标。

3. 投标决策的主观条件

投标人决定参加投标或放弃投标，首先要取决于投标人的实力，也就是投标人自身的主观条件。主要的主观条件有如下几个：

（1）技术实力　技术实力主要是对人才的要求，具备了高素质人才的企业的技术实力必然就强。

① 有精通专业的建筑师、工程师、造价师、会计师和管理专家等所组成的投标组织机构。

② 有技术、经验较为丰富的施工工人队伍。

③ 有工程项目施工专业特长，有解决工程项目施工技术难题的能力。

④ 有与招标工程项目同类的施工和管理经验。

⑤ 有一定技术实力的合作伙伴、分包商和代理人。

（2）经济实力

① 有垫付建设资金的能力，即具有“带资承包工程”的能力。

② 具有一定的固定资产和机具设备。

③ 具有支付施工费用的资金周转能力。

④ 具有支付各项税款和保险金、担保金的能力。

⑤ 具有承包国际工程所需要的外汇。

⑥ 具有承担不可抗力所带来的风险的能力。

（3）管理实力　投标人想取得较好的经济效益就必须从成本控制上下功夫，向管理要效益。因此要加强企业管理，建立企业管理制度，制订切实可行的措施，努力实现企业管理的科学化和现代化。

（4）信誉实力　在目前建筑市场竞争日益激烈的情况下，投标人信誉也是中标的一条重要条件。因此，投标人必须具有重质量、重合同、守信誉的意识，建立良好的企业信誉就必须遵守国家法律、法规，按照国际惯例办理，保证工程施工的安全、质量和工期。

4. 投标决策的客观因素

（1）招标人和监理工程师的情况　招标人的合法地位、支付能力、履约能力，监理工程师处理问题的公正性、合理性等均是影响投标人决策的重要客观因素，需予以考虑。

（2）投标竞争形势和竞争对手的情况　一般来说，大型承包公司技术水平高，管理经验丰富、适应性强，因此在大型工程项目中，中标的可能性较大；在中小型工程项目的投标中，一般中小型公司或当地工程公司中标的可能性更大。

（3）法律、法规情况　目前我国实现依法治国的策略，法律法规具有统一性，全国各地的法制环境基本相同。因此，对于国内工程承包，适用我国法规。如果是国际工程，则存在法律的适用问题。法律适用的原则有：强制适用工程所在地原则、意思自治原则、最密切联系原则、适用国际惯例原则、国际法优先于国内法原则。

3.2.2　建设工程投标报价技巧

投标策略与技巧，是指投标人在投标竞争中的指导思想与系统工作部署及其参与投标竞争的方式和手段。投标策略作为投标取胜的方式、手段和艺术，贯穿于投标竞争始终。常见的投标策略有以下几种。

1. 增加建议方案

有时招标文件中规定，可以提出一个建议方案，即可以修改原设计方案，提出投标人的方案。这个时候投标人应抓住机会，组织一批有经验的设计和施工工程师，对原招标文件的设计和施工方案进行仔细研究，提出更为合理的方案以吸引业主，促成自己的方案中标。这种新建议方案可以降低总造价或缩短工期，或使工程运用更合理。需注意对原招标方案一定也要报价。建议方案不要写得太具体，要保留方案的关键技术，防止业主将此建议方案交给其他承包商。建议方案要比较成熟，有很好的操作性和可行性，不能空谈而不切实际。

2. 不平衡报价法

不平衡报价指在总价基本确定的前提下，如何调整内部各个子项的报价，以期既不影响总报价，又在中标后投标人可尽早收回垫支于工程中的资金和获取较好的经济效益，但要注意避免不正常的调高或压低现象，以免失去中标机会。通常采用的不平衡报价有下列几种情况：

1）对能早期结账收回工程款的项目的单价可报较高价，例如土方、基础工程，以利于资金周转；对后期项目单价可适当降低，如装饰、电气设备安装等。

2）估计今后工程量可能增加的项目，其单价可提高；而工程量可能减少的项目，其单价可降低。

3）图纸内容不明确或有错误，估计修改后工程量要增加的，其单价可提高；而工程内容不明确的，其单价可降低。

4）没有工程量只填报单价的项目，其单价宜高。这样，既不影响总的投标报价，又可多获利。

5）对于暂定项目，其实施可能性大的项目，可定高价；估计该工程不一定实施的，可定低价。

6）零星用工一般可稍高于工程单价表中的工资单价，因为零星用工不属于承包有效合同总价的范围，发生时实报实销，也可多获利。

3. 突然袭击法

由于投标竞争激烈，为迷惑对方，可有意泄露一些假情报；如不打算参加投标，或准备投高标，表现出放弃等假象，在临近投标截止时突然前往，并压低投标价，从而使对手措手不及而败北。

4. 多方案报价法

多方案报价法时利用工程说明书或合同条款不够明确之处，以争取达到修改工程说明书和合同为目的的一种报价方法。当工程说明书或合同条款有些不够明确之处时，投标人往往会承担较大风险。为了减少风险就必须扩大工程单价，增加"不可预见费"，但这样做又会因报价过高而增加被淘汰的可能性。多方案报价法就是为对付这种两难局面而出现的。其具体做法是在标书上报两个单价：一是按原工程说明书合同条款报一个价；二是加以注解，"如工程说明书或合同条款可作某些改变时"，则可降低多少的费用，使报价成为最低，以吸引业主修改工程说明书和合同条款。

5. 优惠取胜法

优惠取胜法指向业主提出缩短工期、提高质量、降低支付条件，提出新技术、新设计方案，提供物资、设备、仪器等，以此优惠条件取得业主赞许、争取中标的方法。

6. 低价投标法

此种方法是非常情况下采用的非常手段。例如企业大量窝工，以减少亏损；或为打入某一建筑市场；或为挤走竞争对手保住自己的地盘，于是制定了严重亏损标，力争夺标。若企业无经济实力、信誉不佳，此法也不一定会奏效。

3.3 建设工程投标报价

3.3.1 工程投标报价的含义

1. 工程投标报价的概念

工程投标报价是指投标人响应招标文件的要求，按照一定的编制原则、规定的编制依据、适当的编制方法，并考虑投标企业的风险承受能力，估算的预计完成招标工程项目所发生的各项费用的总和。工程投标报价是投标人对招标人的招标文件的价格要素做出的要约表示，直接影响到投标人能否中标和中标后的利润多少，因此，工程投标报价是工程投标工作的核心内容。

对于工程施工项目，由于计价的方式不同，分为定额计价和工程量清单报价。作为工程量清单计价的工程施工投标报价，工程投标报价就是按照工程量清单计价编制原则和依据，采用工程量清单计价的方法，考虑企业的风险承受能力，确定预计完成工程施工项目的工程造价。

2. 投标报价的主要依据

一般来说，投标报价的主要依据包括以下几方面的内容：

1）设计图样。

2）工程量表。

3）合同条件，尤其是有关工期、支付条件、外汇比例的规定。

4）相关的法律、法规。

5）拟采用的施工方案、进度计划。

6）施工规范和施工说明书。

7）工程材料、设备的价格及运费。

8）劳务工资标准。

9）当地物价水平。

除了依据上述因素以外，投标报价还应该考虑各种相关的间接费用。

3. 投标报价的步骤

投标标价的一般步骤有：

1）熟悉招标文件，对工程项目进行调查与现场考察。

2）结合工程项目的特点、竞争对手的实力和本企业的自身状况、经验、习惯，制定投标策略。

3）核算招标项目实际工程量。

4）编制施工组织设计。

5）考虑土木工程承包市场的行情，以及人工、机械及材料供应的费用，计算分项工程直接费用。

6）分摊项目费用，编制单价分析表。

7）计算投标基础价。

8）根据企业的管理水平、工程经验与信誉、技术能力与机械装备能力、财务应变能力、抵御风险的能力、降低工程成本增加经济效益的能力等，进行获胜分析和盈亏分析。

9）提出备选投标报价方案。

10）编制出合理的报价，以争取中标。

4. 投标报价的原则

建设工程投标报价时，可参照以下原则确定报价策略：

1）按招标要求的计价方式确定报价内容及各细目的计算深度。

2）按经济责任确定报价的费用内容。

3）充分利用调查资料和市场行情资料。

4）依据施工组织设计确定基本条件。

5）投标报价计算方法应简明适用。

3.3.2 工程施工投标报价的组成及确定方法

1. 工程投标报价的组成

工程投标报价主要是由投标总价、投标单价及投标单位分析组成。如果采用工程量清单招标，则投标总价由分部分项工程量报价、措施项目清单报价、其他项目费、规费和税金组成。不管是哪种报价，投标总价都由直接费、间接费、利润和税金组成。

2. 建设工程投标价的确定方法

建设工程投标价与标底的确定方法相似，主要有以下三种方法：

（1）按编制工程概预算的方法确定投标价　按编制工程概预算的方法确定投标价，是国内工程投标经常使用的方法。此法的报价费用组成与工程概预算的费用构成基本一致。

（2）按工程量清单报价编制投标价的方法　按工程量清单报价首先应按《建设工程工程量清单计价规范》复核招标方提供的工程量清单，然后确定分部分项工程综合单价，计算合价和税费，形成投标总价。

按工程量清单报价应编制的主要表格有：分部分项工程量清单计价表、措施项目清单计价表、其他项目清单计价表、零星工作费表、措施项目费分析表、分部分项工程量清单综合单价分析表、单位工程费汇总表。这种方法的关键是工程量清单复核、企业定额。

（3）按总值浮动率编制投标报价的方法　对工程图纸不全、无法编制标底或急于开工的工程，可明确采用的定额、计费标准，假设标底价，在考虑工程动态因素和企业经营状况及承受能力的情况下，投标人以浮动率作为投标价。

3.4　建设工程投标文件的编制与报送

3.4.1　建设工程投标文件的内容

建设工程投标文件应严格按照招标文件的各项要求编制，一般来说，主要包括以下几点：

1）投标书。

2）投标书附录。

3）投标保证金。

4）法定代表人。

5）授权委托书。

6）具有标价的工程量清单与报价表。

7）施工组织。

8）辅助资料表。

9）资格审查表。

10）对招标文件的合同条款内容的确认和响应。

11）按招标文件规定提交的其他资料。

3.4.2　建设工程投标文件编制的要点

建设工程投标文件编制的要点如下：

1）招标文件要研究透彻，重点是投标须知、合同条件、技术规范、工程量清单及图纸。

2）为编制好投标文件和投标报价，应收集现行定额标准、取费标准及各类标准图集，收集掌握政策性调价文件及材料和设备价格情况。

3）投标文件编制中，投标单位应依据招标文件和工程技术规范要求，并根据施工现场情况编制施工方案或施工组织设计。

4）按照招标文件中规定的各种因素和依据计算报价，并仔细核对，确保准确，在此基础上正确运用报价技巧和策略，并用科学方法做出报价决策。

5）填写各种投标表格。

6）投标文件的封装。

3.4.3 投标报价前期工作

1. 招标信息跟踪

公开招标的项目所占比例很小，而邀请招标项目在发布信息时，业主已经完成了考察及选择投标单位的工作。投标单位应建立严密、广泛的信息网，收集招标信息。有时投标人从工程立项甚至从项目可行性研究阶段就开始跟踪，并结合自身的技术优势和经验向业主提供合理的建议，从而取得业主信任。

2. 报名并参加投标资格审查

投标人获得招标信息后，应及时报名，向招标人表明愿意参加投标，以便获得资格审查的机会。

资格审查的主要内容是：注册证明和技术等级、主要施工经历、技术力量简介、施工机械设备简介、正在施工的工程项目、资金及财务状况。若跨区域投标，投标人还必须提前取得招标项目所在地工商行政管理部门和建设行政主管部门签发的营业执照、施工许可证，有的地区还要求取得投标许可证。

资格审查这一环节十分重要，缺乏经验的投标人会因资料不规范而被淘汰出局。例如，某建设项目要求投标人提供近三年由会计师事务所出具的资产负债表和损益表原件，而某颇具实力的投标人仅提供了复印件，因此未能通过资格审查。

3. 研究招标文件

1）组织投标机构。投标机构负责掌握市场动态，积累有关资料，研究招标文件，决定投标策略，计算标价，编制施工方案，投送投标文件等。日常有一个强有力的投标机构，对投标人是十分需要的。投标机构一般由决策人、工程师、估价师、合同专家、物资供应人员和财务会计人员组成。

2）研究招标文件的要求。注意对投标书的语种要求，若要求使用投标人不熟悉的语种，则应做好翻译和校核准备，避免出错。必须掌握投标范围，若常出现图纸、技术规范、工程量清单在范围、做法或数量上的矛盾，应及时请招标人解释或修正，或在招标文件中寻找投标依据。熟悉投标书的格式、签署方式、密封方法和标志，掌握投标截止日期，以免错失投标机会。

3）研究评标办法。分析评标办法和授予合同标准，据以采取投标策略。我国常用的评标和授予合同标准有两种方式，即综合评议法和最低报价法。综合评议法又分为定量和定性两种。

定量综合评议法是根据投标人的投标报价、施工方案或施工组织设计（工期）、信誉、质量、项目经理的素质等因素综合评分，选择综合分最高的投标人中标的方法。定性综合评议法是在不能将报价、工期、质量等因素定量化的情况下，评标人根据经验判断各投标方案优劣的方法。采用综合评议法时，投标人应在各得分因素间平衡考虑，例如，可适度提高标价，换得更高的质量或更短的工期，进而提高综合分。这种替换需要投标人具有丰富的投标经验，才能判断替换的优劣；替换的目的是要获得最高的综合分。

最低报价法是在质量、工期满足招标文件要求的条件下，明确选择符合招标文件要求、投标价格最低的投标人中标。

4）研究合同协议书、通用条款和专用条款。首先，研究合同形式，是总价合同还是单价合同，价格是否可调整。其次，分析拖延工期的罚款、保修期的长短和保证金的额度。最后，研究付款方式、币种、违约责任等。根据权利义务对比分析风险、确定对策。

4. 调查投标环境

1）勘察施工现场。从以下几点了解对费用和时间的影响：现场情况和性质，包括地表下的条件，水文和气候条件，工程施工及竣工修补缺陷所需的工作、材料的范围和性质，进入现场的手段、施工需要的食宿条件等。

2）调查环境。投标人不仅要了解施工现场，还应了解工程项目所在地的政治情况、经济情况、法律法规、风俗习惯、自然条件、生产和生活条件等。政治情况主要是工程和投资方所在地政局的稳定性；经济方面主要了解工程和投资方所在地的经济发展状况、工程所在地的外汇管理政策、银行存贷款利率等；自然条件主要是工程所在地的水文地质情况、交通运输条件、气候状况等；对法律法规和风俗习惯的调查应关注工程所在地政府对施工的安全、环保、时间限制等的各项管理规定，以及当地的宗教信仰和节假日等；对生产生活条件，重点调查施工现场周围情况，如道路、供电、给排水、通信是否方便，劳务和材料资源是否丰富，生活物资供应是否充足。

3）调查发包人和竞争对手。首先，调查项目资金来源的可靠性，避免风险。其次，调查项目开工手续的齐备性，避免免费为其估价。再次，是否有明显的授标倾向，避免陪标。最后，调查竞争对手的数量、同类工程的经验、其他优势、惯用的投标策略等。通过调查，采取相应对策，提高中标可能性。

5. 参加标前参议，提出疑问

对招标文件中存在的问题向招标人提出，招标人将以书面形式回答。提出疑问时应注意方式方法，特别要注意不能引起招标人反感。对招标文件中出现的对承包人有利的矛盾或漏洞，可不提请澄清，否则可能失去中标后索赔的机会。

3.4.4 投标报价工作

1. 编制投标文件

投标文件，即投标须知中规定的投标人必须提交的全部文件，一般包括投标函、施工组织设计或施工方案、投标保证金、招标文件要求提供的其他材料。

1）施工组织设计。施工组织设计是评标时考虑的主要因素之一。施工组织设计主要考虑施工方法、施工机械设备、施工进度、劳动力的素质和数量、质量保证措施和安全防护措施等。

施工组织设计不仅关系到工期，而且与工程成本和报价有密切关系。在施工组织设计中应进行风险管理规划，以防范风险。施工组织设计应包括以下基本内容：项目组织机构、施工方案、现场平面布置、总进度计划和分部分项工程进度计划、主要施工工艺、施工技术组织措施、主要施工机械配置、劳动力配备、主要材料安排、大宗材料和机械设备的运输方式、施工用水用电的标准、临时设施的设置等。

2）物资询价。招标文件中指明的特殊物资应通过询价进行采购方案比较。材料和设备在工程造价中常常占50%以上，报价时应谨慎对待材料和设备供应。建筑材料价格波动很大，应调查、了解和分析近年来建材价格的变化趋势，决定采用近年平均单价或当期单价时，应考虑物价上涨因素，降低价格波动导致的损失。

3）分包询价。总承包商会把部分专业工程分包给专业承包商。分包价格的高低直接影响总承包商的报价，而且招标文件亦会要求投标人将拟选定的分包商资质和资历等作为投标文件的内容。分包商的信誉、价格要求会直接影响投标人中标的可能性。

4）估算初步报价。报价是投标的核心，它不仅影响能否中标，还是中标后盈亏的决定因素之一。初步报价是将分部分项单价与工程量逐一相乘加总，再加上与合同义务相对应的开办费而得。工程造价的计算方法有两种：第一种，按施工图预算的方法计算。其计算依据、计算程序、计算方法与标底的计算相同。第二种，按竞争价格计算。它是按企业的预计（实际）成本，加利润、税金来确定工程造价。这种方法要求企业自行确定单位工程估价表和取费的费种、费率以及利润率，然后按施工图预算的方法计算工程造价。这种方法计算出的价格不是由国家有关部门规定的，而是企业按实际情况编制出的竞争价格。

2. 报价分析决策

1）分析报价。初步报价提出后，应对其进行多方面的分析，探讨初步报价的合理性、竞争性、赢利性和风险性，做出最终报价决策。分析时可从静态分析和动态分析两方面进行。

2）响应招标文件要求，分析招标文件隐藏机会。投标人不得变更招标文件。但招标文件中提供的图纸和规范往往是初步概念性的文件，以此为基础投标，中标后，发包人会提供详细的图纸和规范。这样，概念性文件和详细文件之间会有许多变化、补充，价格也会调整。有经验的投标人为便于对投标书公平评价，会严格按招标人要求编制投标书，对招标文件中隐藏的巨大风险不会正面变更或要求减少条件，而是利用详细说明、附加解释等谨慎地附加某些条件。这是经验丰富的投标人常用的投标技巧，为中标后的索赔埋下了伏笔。

3）替代方案。有些业主欢迎投标人在按招标文件要求之外，根据其经验制订科学合理的替代方案，再编制一份投标书。如果替代方案能以较低的价格达到同样的效果，业主可能会选择这个投标人承包。但一定要注意：提交了替代方案报价，也必须提交按招标文件要求编制的报价，否则将被视为无效标书。

3. 投标人价格风险防范

投标人将面临很大的价格风险，可能会由于对风险估计或预防不足、对策不力而导致亏损。因此，投标人必须会防范风险，尤其是报价风险。投标人应克服两种心理障碍：一是为求生存，消极对待风险，甚至采用以毒攻毒的做法，违法经营；二是期望环境改善，盼望将低价发包、索要回扣、垫资承包、拖欠工程款“四把刀”从自己头上拔掉。风险是客观存在的，面对激烈且残酷的市场竞争，必须建立风险意识，靠自身实力、水平、谋略进行经营，才能赢得竞争胜利。

1）投标人价格风险防范程序。第一，收集项目资料，进行风险分析，决定是否投标；第二，实地考察，继续收集资料，分析风险，编制资格预审文件；第三，办理投标保函，获取招标文件；第四，研究招标文件，参加答疑会，澄清问题，做出风险管理规划，确定投标策略，提交投标文件；第五，中标后进行合同谈判，为防风险，力争签订的合同有利于降低风险损失；第六，加强合同管理，做好索赔工作；第七，做好竣工结算，及时收回全部工程款。

2）建立风险管理体系。设置专门的机构编制风险管理规划，制订有利于风险防范的投标策略，签订可回避风险的施工合同，在合同实施过程中进行风险控制和监视。

3）编制和利用风险管理规划。风险管理规划是在识别和评估风险基础上为防范风险设计的方案。它包括回避、预防风险的风险控制方案；为克服已发生的风险并为此需要的财务支出——风险保留方案；风险转移方案，包括合同转移、保险转移、对方担保转移及索赔转移等。投标前的风险管理规划应与投标书中的施工组织设计的编制相结合，开工前的风险管理规划应与工程施工组织设计编制（施工项目经理部编制）相结合。工程施工承包风险主要是价格风险，投标前的风险管理应作为重点，在投标和签订合同时应做出风险防范管理规划。

4）充分利用《合同示范文本》防范价格风险。《合同示范文本》的“通用条款”是签约双方无争议的条款。投标人可利用的条款有：第23条“合同价款及调整”、第24条“工程预付款”、第26条“工程款（进度款）支付”、第31条“确定变更价款”、第33条“竣工结算”、第35条“违约”、第36条“索赔”、第39条“不可抗力”、第40条“保险”、第41条“担保”。

《合同示范文本》“专用条款”对上述各条与防范风险有关的内容进一步具体化，需通过双方谈判达成一致。投标人应确定有利的合同专用条款和谈判方案，争取实现风险管理规划。

谈判时应注意：第一，力争回避风险；第二，使风险发生的可能性降到最低；第三，力争改善招标文件中的合同建议条款，取消不利条款，增加利于保护自己、约束业主的条款；第四，使用担保、保险、风险分散等办法转移风险；第五，为索赔创造条件。

3.4.5 编制建设工程投标文件的注意事项

1）编制建设工程投标文件必须使用招标人提供的投标文件表格式。投标人填写投标文件表格时，凡要求填写的空格，必须填写，否则视为放弃意见。实质性内容未填写，如工期、质量、价格未填，将作为无效标书处置。

2）编制投标文件正本一份，副本按招标文件要求份数编制，并注明“投标文件正本”“投标文件副本”；当正本与副本出现不一致时，以正本为准。

3）投标文件正本、副本应按招标文件要求打印或书写。

4）投标文件应由投标方的法定代表人签字盖章，并加盖法人印章。

5）投标文件应反复校核，确保无误。按招标人要求修改的错误，应由投标文件原签字人签字并加盖印章证明。

6）投标文件应保密。

7）投标人应按规定密封、送达标书。

3.4.6 送达投标文件

投标文件编制完成，经核对无误，由投标人的法定代表人签字密封，派专人在投标截止日前送到招标人指定地点，并取得收讫证明。

招标人在规定的投标截止日期前，在递送标书后，可用书面形式向招标人递交补充、修改或撤回其投标文件的通知。在投标截止日后撤回投标文件，投标保证金不能退还。

递送投标文件不宜太早，因市场情况在不断变化，投标人需要根据市场行情及自身情况对投标文件进行修改。递送投标文件的时间在招标人接受投标文件截止日前两天为宜。

复习思考与练习

一、简答题

1. 简述工程项目施工投标的程序及主要内容。
2. 建设工程施工投标过程分哪几步？
3. 投标人申请资格预审时应注意哪些问题？
4. 什么是工程项目施工投标文件？编制投标文件应当注意哪些问题？
5. 投标前进行现场考察的原因是什么？
6. 工程项目施工投标决策的含义和投标的技巧有哪些？
7. 什么是不平衡报价，它适用于哪些情况？
8. 投标报价的主要依据、步骤是什么？
9. 应放弃投标的情况有哪些？

二、项目实训

2019 年 12 月，某污水处理厂对污水设备的设计、安装、施工等一揽子工程进行招标。招标文件明确规定了新型污水设备的设计要求、设计标准等基本内容。

在投标过程中，A 污水设备开发公司对招标文件理解有误，投标报价低于正常价格 300 万元。后 A 公司发现了错误，提出要求修改投标书。由于投标人没有采取书面的告知，该要求被招标人拒绝。

为避免损失，A 公司撤回了标书。

招标工作结束后，招标单位没收了 A 公司的投标保证金。A 公司不服，向法院提起诉讼，要求招标人退还投标保证金。

问题：

法院是否支持 A 单位的诉讼请求？为什么？

第 4 章

建设工程开标、评标与定标

4.1 建设工程开标

4.1.1 建设工程开标的一般要求

开标，即在招标投标活动中，由招标人主持，在招标文件预先标明的开标时间和开标地点，邀请所有投标人参加，公开宣布全部投标人的名称、投标价格及投标文件中其他重要内容，使招标和投标当事人了解各个投标的关键信息，并且将相关情况记录在案。开标时招投标活动中公开原则的重要体现。

1）开标时间。开标应当在招标文件确定的提交投标文件截止时间的同一时间公开进行。这样做既可以避免投标人错过开标时间，还可以防止招标中舞弊行为，确保开标公开、透明。

2）开标地点。开标地点应当为招标文件中预先确定的地点。依法必须进行公开招标的工程，其开标应当在有形建筑市场进行。

3）开标会议

① 开标会议由招标人主持，邀请所有投标人参加。

② 在开标时，首先由投标人或者投标人集体推选的代表检查投标文件的密封情况。如果招标人委托开标公证，也可以由公证机构参加会议的人员进行检查并公证。

③ 经确认无误后，由有关工作人员当众拆封，宣读投标人名称、投标价格和投标文件的其他主要内容。招标人在招标文件要求提交投标文件的截止时间前收到的所有投标文件，开标时都应当当众予以拆封、宣读。

④ 开标过程应当进行记录，并存档备案。

4）开标参与人

① 开标由招标人主持，也可以委托招标代理机构主持。在实际招投标活动中，绝大多数为委托招标项目，开标都是由招标代理机构主持的。

② 招标人邀请所有投标人参加开标时法定的义务，投标人自主决定是否参加开标会是法定的权利。但是在实施过程中，要求投标人都必须带授权证明文件参加开标会议，当场确定一些开标的重要内容，比如证件核查的结果、标书密封的检查结果、唱标记录结果等重要文件。

③ 根据项目的不同情况，招标人可以邀请除投标人以外的其他方面相关人员参加开标。根据《中华人民共和国招标投标法》第三十六条的规定，招标人可以委托公证机构对开标情况进行公证。在实际的招标投标活动中，招标人经常邀请行政监督部门、纪检监察部门等参加开标，对开标程序进行监督。

4.1.2 工程开标的一般程序

1. 出席开标会的代表签到

在投标文件递交时间截止前，投标人授权出席开标会的代表本人在递交投标文件后，填写开标会签到表，出席开标会议。招标工作人员负责核对签到人身份，签到人不是法定代表人的，应出示法人授权委托书，与签到的内容一致。出席开标会的监标人、公证人等也应在开标会前出示证件并签到。

2. 招标人检查递交投标文件的投标单位数

在投标文件截止时间后，招标人应检查投标人递交的投标文件的签收记录。在截标时间前递交投标文件的投标人少于3家的招标无效，开标会即告结束，招标人应当依法重新组织招标。招标人等于或多于3家的，开标活动将继续进行。在招标文件规定的截标时间后递交的投标文件不得接收，由招标人原封退还给有关投标人。

3. 主持人宣布开标会开始，并宣布开标会纪律、开标会程序和拒绝投标的规定

（1）宣布开标会纪律　开标会纪律一般包括：

① 场内严禁吸烟。

② 凡与开标无关人员不得进入开标会场。

③ 参加会议的所有人员应关闭通信工具，开标期间不得高声喧哗。

④ 投标人代表有疑问应举手发言，参加会议人员未经主持人同意不得在场内随意走动。

（2）拒收标书　拒绝投标的规定，投标文件有下列情形之一的，招标人应当拒收：

① 逾期送达或者未送达指定地点的。

② 未按招标文件要求密封。

③ 未经法定代表人签署或未盖投标单位公章或未盖法定代表人印鉴的。

④ 未按规定格式填写、内容不全或字迹模糊、辨认不清的。

4. 招标人再次确认参加开标会的投标人

招标人公布在投标截止时间前递交投标文件的投标人名称，并点名再次确认投标人是否派人到场。

5. 确定并介绍出席开标会的有关人员

主持人介绍出席开标会的开标人、唱标人、记录人、监标人等有关人员的姓名。

6. 主持人介绍招标情况

主持人介绍招标文件、补充文件或答疑文件的组成和发放情况，可以同时强调主要条款和招标文件中的实质性要求。

7. 检查投标书密封情况

招标人邀请投标人按照投标人须知前附表规定，检查投标文件的密封情况。对于密封不符合招标文件要求的投标文件，招标人应当场宣布拒绝其投标，不得进入评标。

8. 主持人宣布开标和唱标顺序

一般按投标人递交投标文件签到顺序开标和唱标。如果设有标底的工程招标项目，还应公布标底。

9. 按顺序依次开标并唱标

开标人在监督人员及与会代表的监督下当众开标，拆封投标文件后应当检查投标文件组成情况并记入开标会记录，开标人应将投标书和投标书附件以及招标文件中可能规定需要唱标的其他文件交唱标人进行唱标。唱标内容一般包括投标报价、工期和质量标准、质量奖项等方面的承诺、替代方案报价、投标保证金、主要人员等，在递交投标文件截止时间前收到的投标人对投标文件的补充、修改同时宣布，在递交投标文件截止时间前收到投标人撤回其投标的书面通知的投标文件不再唱标，但需在开标会上说明。

10. 各方在开标记录表上签字确认

投标人代表、招标人代表、监标人、记录人等有关人员应在开标记录表上签字确认。开标记录表应当如实记录开标过程中的重要事项，包括开标时间、唱标记录等，有公证机构出席公证的还应记录公证结果，投标人的授权代表应当在开标会记录上签字确认，对记录内容有异议的可以注明，但必须对没有异议的部分签字确认。

11. 主持人宣布开标会结束

各方代表在开标记录表上签字确认后，主持人宣布开标会结束，工作人员将投标文件、开标会记录等送封闭评标区交评标委员会或封存后待评标委员会成员到齐后，交评标委员会。

4.2 建设工程评标

4.2.1 评标的基本要求

1. 评标基本原则

1）竞争优先。

2）公正、公平、科学合理。

3）质量好、信誉高、价格合理、工期适当、施工方案先进可行。

4）反不正当竞争。

5）规范性与灵活性相结合。

2. 评标委员会

（1）评标委员会的组织要求　评标委员会由招标人负责依法组建，负责评标活动，向招标人推荐中标候选人，或者根据招标人的授权直接确定中标人。评标委员会由招标人或其委托的招标代理机构熟悉相关业务代表，以及有关技术、经济方面的专家组成，成员人数为5人以上的单数，其中技术、经济方面的专家不得少于成员总数的2/3。评标委员会设负责人的，负责人由评标委员会成员推举产生或由招标人确定，评标委员会负责人与评标委员会的其他成员拥有同等的表决权。

评标委员会的专家成员应当从省级以上人民政府有关部门提供的专家名册或招标代理机构专家库内的相关专家名单中确定。确定评标专家，可以采取随机抽取或者直接确定的方式。一般项目，可以采取随机抽取的方式；技术特别复杂、专业性要求特别高或者国家有特殊要求的招标项目，采取随机抽取方式确定的专家难以胜任的，可以由招标人直接确定。评标委员会成员名单在开标前确定，在中标结果宣布前应当保密。

（2）评标委员会的成员条件

1）从事相关专业领域工作满8年，并具有高级职称或者同等专业水平。

2）熟悉有关招标投标的法律法规，并具有与招标项目相关的实践经验。

3）能够认真、公证、诚实、廉洁地履行职责。

（3）评标委员会成员回避制度　有下列情形之一的人员，应当主动提出回避，不得担任评标委员会成员。

1）招标人或投标人主要负责人的近亲。

2）项目主管部门或行政监督部门人员。

3）与投标人有经济利益关系，可能影响投标公正评审的人员。

4）曾因在招标、评标以及其他与招标投标有关活动中从事违法行为而受过行政处罚或刑事处罚的。

评标委员会成员应当客观、公正地履行职责，遵守职业道德，对评审意见承担个人责任。评标委员会成员不得私下接触任何投标人或者与招标结果有利害关系的人，不得收受他们的财物或者其他好处，不得透露与评标有关的情况；不得向招标人征询确定中标人的意见；不得接收任何单位或者个人明示或暗示提出的倾向性要求；不得有其他不客观、不公正的履行职务的行为。

（4）评标委员会成员的抽取时间　评标委员会成员名单一般在开标的同一天抽取。一般根据专家的居住情况和评标地点的远近来决定提前抽取的时间。为防止串标，一般在开标前2小时以内抽取，抽取后，名单要保密；如果需要提前一天抽取的，抽取后，要集中评标委员会的成员。

4.2.2　评标程序

评标的目的是根据招标文件中确定的标准和方法，对每个投标文件进行评价和比较，以评出最符合招标文件要求的投标人。评标必须以招标文件为依据，不得采用招标文件规定以外的标准和方法进行评标。评标应按以下程序进行：

1. 评标准备

（1）认真研究招标文件　评标委员会成员在评标前首先应研究招标文件，至少应了解和熟悉以下内容：

① 招标的目标。

② 招标项目的范围和性质。

③ 招标文件中规定的主要技术要求、标准和商务条款。

④ 招标文件规定的评标标准、评标方法和在评标过程中考虑的相关因素。

（2）获得评标所需信息　这是指从招标人或者其委托代理的招标代理机构人员中获得评标所需的重要信息和数据，如招标文件的修改、澄清等。

在不改变投标人投标文件实质性内容的前提下，评标委员会应当对投标文件进行基础性数据分析和整理（简称为“清标”），从而发现并提取其中可能存在的对招标范围理解的偏差，投标报价的算术错误、错漏项，投标人报价构成不合理、不平衡报价等存在明显异常的问题，并就这些问题整理形成清标成果。评标委员会对清标成果审议后，决定需要投标人进行书面澄清说明或补正的问题，形成质疑问卷，向投标人发出问题澄清通知（包括质疑问卷）。投标人接到问题澄清通知后，应按评标委员会的要求提供书面澄清资料并按要求进行密封，在规定的时间递交到指定地点。投标人递交的书面澄清资料由评标委员会开启。

在建设项目施工评标中，如果招标文件没有其他规定，对于实质性相应招标文件要求的投标进行报价评估时，可做如下修正，修正调整后的单价经投标人确认后产生约束力：

① 用数字表示的数额和用文字表示的数额不一致时，以文字数额为准。

② 单价与工程量的乘积与总价之间不一致时，以单价为准。

若单价有明显的小数点错位，应以总价为准，并修改单价。

2. 初步评审

初步评审，即对投标文件进行符合性审查，也就是说，审查投标文件是否响应了招标文件的实质性要求，包括形式评审、资格评审、响应性评审等。对符合招标文件要求的，方可进行详细评审。有下列情形之一的，评标委员会应当否决其投标：

1）无单位盖章并无法定代表人或法定代表人授权的代理人签字或盖章的。

2）未按规定的格式填写，内容不全或关键字迹模糊、无法辨认的。

3）投标人递交两份或多份内容不同的投标文件，或在一份投标文件中对同一招标项目报有两个或多个报价，且未声明哪一个有效，按招标文件规定提交备选投标方案的除外。

4）投标人名称或组织结构与资格预审时不一致的。

5）未按招标文件要求提交投标保证金的。

6）联合体投标未附联合体各方共同投标协议的。

3. 详细评审

在完成初步评审以后，下一步就进入详细评审阶段。只有在初步评审中确定为合格的投标文件，才有资格进入详细评审阶段。评标委员会按照招标文件规定的具体评标办法对初审合格的投标文件区分商务部分和技术部分，分别由商务标评委和技术标评委进行详细评审，并按量化因素评定情况，按照由优到差的顺序评定出各投标的排列次序。详细评审的主要方法有经评审的最低投标价法和综合评估法。

评标委员会经评审，认为所有投标人都不符合招标文件要求的，可以否决所有投标。依法必须进行招标的项目的所有投标被否决的，招标人应当依照《中华人民共和国招标投标法》重新招标。重新招标后投标人少于3个的，属于必须审批的工程建设项目，报经原审批部门批准后可以不再进行招标；其他工程建设项目，招标人可自行决定是否不再进行招标。

4. 编写并上报评标报告

详细评审结束后，商务标评委和技术标评委应进行集中，按照最终排名顺序，汇总确定评标结果，并撰写评标报告上交招标人，同时抄送有关行政监督主管部门。评标报告应当如实记载以下内容：

1）基本情况和数据表。

2）评标委员会成员名单。

3）开标记录。

4）符合要求的投标一览表。

5）否决投标的情况说明。

6）评标标准、评标方法或者评标因素一览表。

7）经评审的价格或者评分比较一览表。

8）经评审的投标人排序。

9）推荐的中标候选人名单与签署合同前要处理的事宜。

10）澄清、说明、补正事项纪要。

评标报告由评标委员会全体成员签字。对评标结论持有异议的评标委员会成员可以书面方式阐述其不同意见和理由。评标委员会成员拒绝在评标报告上签字且不必陈述其不同意见和理由的，视为同意评标结论。评标委员会应当对此做出书面说明并记录在案。

4.2.3 评标的标准和方法

1. 评标标准

《中华人民共和国招标投标法》规定，评标委员会应当按照招标文件确定的评标标准和方法，对投标文件进行评审和比较。也就是说，任何未在招标文件中采用的标准和方法，均不得作为评标依据。对招标文件已标明的标准和方法，也不得有任何改变。这是保证评标公正、公平的关键，也是国际通行的做法。

评标标准，一般而言包括价格标准和价格标准以外的其他标准。价格标准比较直观，都是以货币额表示的报价。非价格标准内容多且复杂，在评标时应尽可能使非价格标准客观，并由定性化转化为定量化，这样才能使评标具有可比性。评标中使用的非价格标准一般有工期、工程质量、企业资质、信誉、项目管理机构情况等。

2. 初步评审标准

（1）形式评审标准　形式评审标准包括：

① 投标人名称，与营业执照、资质证书、安全生产许可证一致。

② 投标函签字盖章，有法定代表人或其委托代理人签字和加盖单位章。

③ 投标文件格式，符合招标文件规定的“投标文件格式”的要求。

④ 联合体投标人，提交联合体协议书，并明确联合体牵头人。

⑤ 报价唯一性，投标人只能有一个有效报价。

（2）资格评审标准　对于进行资格预审的工程招标项目，以资格审查标准为准，对于未进行资格预审的工程，评审标准包括：

① 营业执照，具有优先的营业执照，已参加年审。

② 安全生产许可证，具备有效的安全生产许可证。

③ 资质等级，符合招标文件规定的要求。

④ 财务状况，符合招标文件规定的要求。

⑤ 类似项目业绩，符合招标文件规定的要求。

⑥ 信誉，符合招标文件规定的要求。

⑦ 项目经理，符合招标文件规定的要求。

⑧ 其他要求，符合招标文件规定的要求。

⑨ 联合体投标人，符合招标文件规定的要求。

（3）响应性评审标准　响应性评审标准包括：

① 投标内容、工期、工程质量、投标有效期、投标保证金等符合招标文件规定的要求。

② 权利义务符合招标文件“合同条款及格式”规定。

③ 已标价工程量清单，符合招标文件“工程量清单”给出的范围及数量。

④ 技术标准和要求，符合招标文件“技术标准和要求”规定。

3. 评标方法

《评标委员会和评标方法暂行规定》规定，评标方法包括经评审的最低投标价法、综合评估法或者法律、行政法规允许的其他评标方法。

（1）经评审的最低投标价法　这是指能够满足招标文件的实质性要求，并且经评审的最低投标价的投标，应当推荐为中标候选人的方法。采用此方法，评标委员会应当根据招标文件中规定的评标价格调整方法，对所有投标人的投标报价以及投标文件的商务部分做必要的价格调整，而无须对投标文件的技术部分进行价格折算。

经评审的最低投标价法一般适用于具有通用技术、性能标准或者招标人对其技术、性能没有特殊要求的招标项目。

根据评审的最低投标价法完成详细评审后，评标委员会应当拟定一份“标价比较表”，连同书面评标报告提交招标人。“标价比较表”应当载明投标人的投标报价、对商务偏差的价格调整和说明，以及经评审的最终投标价。

（2）综合评估法　综合评估法是指最大限度地满足招标文件中该规定的各项综合评价标准的投标，应当推荐为中标候选人的方法。采用此方法，在对技术部分和商务部分进行量化后，评标委员会对这两部分的量化结果进行加权，计算出每一投标的综合评估法或者综合评估分。

衡量投标文件能否最大限度地满足招标文件中规定的各项评价标准，可以采取折算为货币的方法、打分的方法或者其他方法。需量化的因素及其权重应当在招标文件中予以明确规定。对于不宜采用经评审的最低投标价法的招标项目，一般应当采取综合评估法进行评审。

根据综合评估法完成评标后，评标委员会应当拟定一份“综合评估比较表”，连同书面评标报告提交给招标人。“综合评估比较表”应当载明投标人的投标报价、所做的任何修正、对商务偏差的调整、对技术偏差的调整、对各评审因素的评估以及对每一投标的最终评审结果。

4.3　建设工程定标

4.3.1　定标的原则

1. 定标的条件

定标就是评标委员会完成评标后向招标人提出书面评标报告，并推荐合格的中标候选人，招标人确定中标人的过程。中标人的确定，招标人也可以授权评标委员会确定。中标人的投标应当符合下列条件之一：

（1）能够最大限度满足招标文件中规定的各项综合评价标准　即当采用综合评估法评标时，投标价格最低的不一定能中标，能够中标的一定是按照价格标准和非价格标准对投标文件进行总体评估和比较后获得最佳综合评价的投标。

（2）能够满足招标文件的实质性要求，并且经评审的投标价格最低　投标价格低于成本的除外，即采用经评审的最低投标价法时，投标报价最低的中标，但前提条件是该投标符合招标文件的实质性要求，且投标报价不低于企业成本。如果投标不符合招标文件的要求而被招标人所拒绝，则投标价格再低也不在考虑之列。

2. 定标的确定

（1）确定中标人　中标候选人经公示无异议后，招标人应确定中标人。招标人应当接受评标委员会推荐的中标候选人，并确定中标人，不得在评标委员会推荐的中标候选人之外确定中标人。

国有资金占控股或者主导地位的依法必须进行招标的项目，招标人应当确定排名第一的中标候选人为中标人。排名第一的中标候选人放弃中标、因不可抗力提出不能履行合同、不按照招标文件的要求提交履约保证金，或者被查实存在影响中标结果的违法行为等情形，不符合中标条件的，招标人可以按照评标委员会提出的中标候选人名单排序依次确定其他中标候选人为中标人。依次确定其他中标候选人与招标人预期差距较大，或者对招标人明显不利的，招标人可以重新招标。

（2）确定中标人的时限要求　投标人从该投标到招标人确定中标人应有一个时限要求，超过这个期限，对投标人将失去约束力。这个期限也就是投标有效期，是指招标人对投标人发出的邀约做出承诺的期限，一般在招标文件中规定，通常为90～120天。

有关法规规定，评标和定标应当在投标有效期结束日30个工作日前完成。即一般情况下，确定中标人应当在投标有效期结束前30个工作日完成。如特殊情况，招标人不能在投标有效期内确定中标人的，招标人应当通知所有投标人延长投标有限期。拒绝延长投标有效期的投标人有权收回投标保证金。

4.3.2　确定中标后相关要求

1. 发出中标通知书

中标人确定后招标人应当向中标人发出中标通知书，同时向未中标人发出中标结果通知书。招标人应当与中标人在投标有限期内以及中标通知书发出之日起30日之内签订合同。由于招标人和中标人应在投标有效期内签订合同，因此中标通知书应当在投标有效期届满前30日发出。

依法必须进行施工招标的工程招标人应当自确定中标人之日起15日内，向工程所在地的县级以上地方人民政府建设行政主管部门提交施工招标投标情况的书面报告。建设行政主管部门自收到书面报告之日起5日内未通知招标人在招投标活动中有违法行为的，招标人可以向中标人发出中标通知书，并将中标结果通知所有未中标的投标人。

中标通知书的发出，并不意味着合同的成立。任何一方毁标，违背诚实信用原则，都应承担缔约过失责任。

2. 签订合同

合同是工程招投标结果的最终体现。招标人和中标人应当自中标通知书发出之日起30日内，按照招标文件和中标人的投标文件订立书面合同。招标人和中标人不得再行订立背离合同实质性内容的其他协议。

工程施工中标人和招标人签订合同，应以招标文件提供更多建设工程施工合同条款和格式为依据。签订的施工合同包括三部分内容：通用合同条款、专用合同条款和协议书。

3. 向行政监督部门书面报告

依法必须进行招标的项目，招标人应当自确定中标人之日起15日内，向有关行政监督部门提交招标投标情况的书面报告。依法必须进行施工招标的项目，提交招标投标情况的书面报告至少应包括下列内容：

① 招标范围。

② 招标方式和发布招标公告的媒体。

③ 招标文件中投标人须知、技术条款、评标标准和方法、合同主要条款等内容。

④ 评标委员会的组成和评标报告。

⑤ 中标结果。

复习思考与练习

一、简答题

1. 什么是开标、评标、定标？

2. 评标的基本原则是什么？

3. 怎样理解报价低不是确定中标人的唯一条件？

二、项目实训

2019 年 9 月 22 日，被告就某住宅项目进行邀请招标，原告与其他三家建筑公司共同参加了投标。结果由原告中标。2019 年 10 月 14 日，被告就该项工程向原告发出中标通知书。该通知书载明：工程建筑面积 82174m^2，中标造价人民币 8000 万元，要求 10 月 25 日签订工程承包合同，10 月 28 日开工。中标通知书发出后，原告按被告的要求提出，为抓紧工期，应该先做好施工准备，后签工程合同。原告同意了这个意见。

原告进场，平整了施工场地，将打桩桩架运入现场，并在 10 月 28 日打了两根桩，完成了项目的开工仪式。但是，工程开工后，还没有等到正式签订承包合同，双方就因为对合同内容的意见不一而发生了争议。2020 年 3 月 1 日，被告函告原告："将另行落实施工队伍。"

原告指出，被告既已发出中标通知书，就表明招投标过程中的要约已经承诺，按招投标文件和《施工合同示范文本》的有关规定，签订工程承包合同是被告的法定义务。因此，原告要求被告继续履行合同。

被告辩称：虽然已发了中标通知书，但这个文件并无合同效力，且双方的合同尚未签订，因此双方还不存在合同上的权利义务关系，被告有权另行确定合同相对人。

问题：法院应该怎样处理？

第5章

建设工程施工合同

5.1 建设工程施工合同概述

5.1.1 建设工程施工合同的基本概念

工程施工合同，是发包人（建设单位或总包单位）与承包人（施工单位）之间，为完成商定的建筑安装工程，明确相互权利义务关系的协议。承、发包双方签订施工合同，必须具备相应资质条件和履行施工合同的能力。对合同范围内的工程实施建设时，发包人必须具备组织协调能力或委托给具备相应资质的监理单位承担；承包人必须具备有关部门核定的资质等级，并持有营业执照等证明文件。依据施工合同，承包人应完成发包人交给的建筑安装工程任务，发包人应按合同规定提供必需的施工条件并支付工程价款。

建设工程施工合同是建设工程的主要合同，是工程建设质量控制、进度控制、投资控制的主要依据。

5.1.2 施工合同的主要特征

由于建筑产品是特殊的商品，建筑产品的单件性、建设周期长、施工生产和技术复杂、工程付款和质量论证具备阶段性、受外界自然条件影响大等特点，决定了施工合同不同于其他经济合同，具有自身的特点，具体介绍如下：

1. 施工合同标的物的特殊性

施工合同的“标的物”是特定的各类建筑产品，不同于其他一般商品，其标的物的特殊性主要表现在：

1）建筑产品的固定性（不动产）和施工生产的流动性，是其区别于其他商品的根本特征。

2）由于建筑产品各有其特定的功能要求，其实物形态千差万别、种类繁多，这也就形成了建筑产品的个体性和生产的单件性。

3）建筑产品体积庞大，消耗的人力、物力、财力多，一次性投资额大。

施工合同“标的物”的这些特点，必然会在施工合同中表现出来，使得施工合同在明确“标的物”时，不能像其他合同那样只简单地写明名称、规格和质量就可以了，而需要将建筑产品的幢数、面积、层数或高度、结构特征、内外装饰标准和设备安装要求等一一规定清楚。

2. 施工合同履行期限的长期性

由于建筑产品体积大、结构复杂、施工周期长，施工工期少则几个月，多则几年，甚至十几年，在合同实施过程中不确定影响因素多，受外界自然条件影响大，合同双方承担的风险高。当主观和客观情况变化时，就有可能造成施工合同的变化。因此，施工合同的变更较频繁，施工合同的争议和纠纷也比较多。

3. 施工合同内容条款的多样性

由于建设工程本身的特殊性和施工生产的复杂性，决定了施工合同必须有很多条款。我国《建设工程施工合同（示范文本）》通用条款就有 11 大部分，共 47 个条款、173 个子款；国际 FIDIC 施工合同通用条件有 25 节，共 72 个条款、194 个子款。

施工合同一般应具备以下主要内容：

1）工程名称、地点、范围、内容，工程价款及开、竣工日期。

2）双方的权利、义务和一般责任。

3）施工组织设计的编制要求和工期调整的处置办法。

4）工程质量要求、检验与验收方法。

5）合同价款调整与支付方式。

6）材料、设备的供应方式与质量标准。

7）设计变更。

8）竣工条件与结算方式。

9）违约责任与处置办法。

10）争议解决方式。

11）安全生产防护措施等。

此外，关于索赔、专利技术使用、发现地下障碍物和文物、工程分包、不可抗力、工程保险、合同生效与终止等也是施工合同的重要内容。

4. 施工合同涉及面的广泛性

签订施工合同，首先必须遵守国家的法律法规和国家、行业标准，还有政府部门的规定和管理办法，如地方法规。另外，定额及相应预算价格、取费标准、调价办法等也是签订施工合同要涉及的内容。因此，承发包双方要熟悉和掌握与施工合同相关的法律、法规和各种规定。此外，施工合同在履行过程中，不仅是建设单位和施工单位两方面的事，还涉及监理单位、施工单位的分包商、材料设备供应商、保险公司、保证单位等众多参与方。从施工合同监督管理上，还会涉及工商行政管理部门、建设主管部门、合同双方的上级主管部门以及负责拨付工程款的银行、解决合同纠纷的仲裁机关或人民法院，还有税务部门、审计部门及合同公证机关等机构和部门。

施工合同的这些特点，使得施工合同无论在合同文本结构还是合同内容上，都要反映其特点，符合工程项目建设客观规律的内在要求，以保护施工合同当事人的合法权益，促使当事人严格履行自己的义务和职责，提高工程项目的社会效益和经济效益。

5.2 建设工程施工合同

5.2.1 施工合同订立的依据和条件

签订施工合同必须依据《合同法》《建筑法》《招标投标法》《建设工程质量管理条例》等有关法律、法规，按照《建设工程施工合同示范文本》的“合同条件”，明确规定合同双方的权利和义务，并各尽其责，共同保证工程项目按合同规定的工期、质量、造价等要求完成。签订施工合同必须具备以下条件：

1）初步设计已经批准。

2）工程项目已列入年度建设计划。

3）有能够满足施工需要的设计文件和有关技术资料。

4）建设资金和主要建筑材料、设备来源已经落实。

5）招投标工程中标通知书已经下达。

6）建筑场地、水源、电源、气源及运输道路已具备或在开工前完成等。

只有上述条件成立时，施工合同才具有有效性，并能保证合同双方都能正确履行合同，以免在实施过程中引起不必要的违约和纠纷，从而圆满完成合同规定的各项要求。

5.2.2 施工合同订立的形式

合同的形式，又称合同的方式或要式，是当事人合意的表现形式。具体来说，是指订立合同的当事人各方协商一致而签订合同的外在表现方式。一方面，合同的形式反映着当事人双方一致同意的合同的内容，是当事人双方意思一致的外在表现；另一方面，只有通过合同的形式，才能证明合同的客观存在，合同的内容也才能为他人所知晓。

《中华人民共和国合同法》第10条规定："当事人订立合同，有书面形式、口头形式和其他形式。法律、行政法规规定采用书面形式的，应当采用书面形式。当事人约定采用书面形式的应当采用书面形式。"书面形式是指合同书、信件和数据电文（包括电报、电传、传真、电子数据交换和电子邮件）等可以有形地表现所载内容的形式。

工程合同由于涉及面广、内容复杂、建设周期长、标的金额大，《中华人民共和国合同法》第270条规定："工程施工合同应当采用书面形式。"

5.2.3 施工合同订立的程序和注意事项

1. 施工合同订立的程序

建设工程施工合同的订立要经历要约邀请、要约和承诺三个阶段。建设单位通过招标公告或投标邀请书向投标人发出要约邀请，投标人通过投标文件形式向建设单位发出要约，建设单位向投标人发出中标通知书为承诺。这个过程往往要经历较长的时间，但在确定中标人并发出中标通知书后，双方即可就建设工程施工合同的具体内容和有关条款展开谈判，直到最终签订合同。施工合同签订的具体程序如下：

1）建设单位发出中标通知书，承包单位接收中标通知书。

2）如果要求中标单位提交履约担保的，中标单位应提交履约担保。

3）双方各自组成由法人代表、工程技术人员、财务人员参加的合同谈判小组，草拟合同专用条款。

4）应根据规定，就工程质量、工期要求、合同价款及支付办法等进行谈判，明确工程期限、金额、权利、义务、违约责任等。

5）参照或使用施工合同示范文本，按照双方谈定的合同条件订立建设工程施工合同，报总经理审批，经手人进入盖章程序。

6）合同签署前须报经公司会议审议通过。

7）签订设计、施工、监理等合同，必须同时签订廉政合同，明确廉政责任。

2. 订立施工合同的约定注意事项

订立施工合同，应注意下列约定事项：

1）工程发包与承包范围，工程质量标准，安全生产、文明施工目标要求，工期目标及工期调整的要求。

2）工程计量和计价依据，合同价款及其支付结算，调整要求及方法。

3）工程分包的内容、范围、工程量及要求。

4）材料和设备的供应方式与标准

5）工程洽商、变更的方式和要求。

6）中间交工工程的范围和竣工时间。

7）竣工结算与竣工验收。

8）其他应在合同中明确约定的内容。

建设工程施工合同标的物特殊，合同执行期长，关于专利技术使用、发现地下障碍和文物、不可抗拒力、工程有无保险、工程停建或缓建等问题，都是建设工程施工合同约定的注意事项。

5.3 《建设工程施工合同（示范文本）》简介

5.3.1 建设工程施工合同示范文本的颁布

为了规范和指导合同当事人的行为，完善合同管理制度，解决施工合同中存在的合同文本不规范、条款不完备、合同纠纷多等问题，在1991年颁布的《建设工程施工合同（示范文本）》（GF—1991—0201）的基础上，建设部和国家工商行政管理局根据最新颁布和实施的工程建设有关法律、法规，总结了近几年施工合同示范文本推行的经验，结合我国建设工程施工的实际情况，借鉴国际通用土木工程施工合同的成熟经验和有效做法，于1999年12月24日又推出了修改后的新版《建设工程施工合同（示范文本）》（GF—1999—0201）（以下简称“文本”）。该文本可适用于土木工程，包括各种公用建筑、民用住宅、工业厂房、交通设施及线路管道的施工和设备安装。随着2010年发改委等九部委修改《标准施工招标文件》的时候，总结了前面的经验，为了更进一步的适应我国建设工程的需要，更好地与国际接轨，2013年修订了1999年的示范文本，制定了目前最新的《建设工程施工合同（示范文本）》（GF—2013—0201）。

为了更好地规范建筑市场秩序，维护建设工程施工合同当事人的合法权益，2017年，住房城乡建设部、工商总局对《建设工程施工合同（示范文本）》（GF—2013—0201）进行修订，制定了《建设工程施工合同（示范文本）》（GF—2017—0201），并于2017年10月1日起执行；原《建设工程施工合同（示范文本）》（GF—2013—0201）同时废止。

虽然《建设工程施工合同（示范文本）》为非强制性使用文本，但施工合同的订立一般都选择国家制定好的示范文本。由于建筑施工合同在建设工程合同中最为复杂，故本书主要以建筑工程施工该合同为例进行相关的讲解。《建设工程施工合同示范文本》使用与房屋建筑工程、土木工程、线路管道和设备安装工程、装修工程等建设工程的施工承发包活动，合同当事人可结合建设工程的具体情况，根据《建设工程施工合同示范文本》订立合同，并按照法律法规规定和合同约定承担相应的法律责任及合同权利义务。

5.3.2 《建设工程施工合同（示范文本）》的组成

1. 示范文本的组成部分

《建设工程施工合同（示范文本）》由协议书、通用条款和专用条款3部分组成，并附有 11 个附件。其中协议书共计 13 条，通用合同条款共计 20 条。

协议书是文本中的纲领性文件，其主要内容包括工程概况、工程承包范围、合同工期，质量标准、合同价款、组成合同的文件、双方对履行合同义务的承诺以及合同生效等。虽然协议书文字量并不大，但它规定了合同当事人最主要的义务，合同当事人在这份文件上签字盖章，即对双方当事人产生法律约束力，而且在所有施工合同文件组成中，它具有最优的解释效力。

通用条款共 20 部分 117 条，是根据《中华人民共和国合同法》《中华人民共和国建筑法》等法律、法规，对承、发包双方权利义务所做出的规定，是一般土木工程所共同具备的共性条款，具有规范性、可靠性、完备性和适用性等特点，该部分可适用于任何工程项目，并可作为招标文件的组成部分而予以直接采用。

专用条款是合同双方根据企业实际情况和工程项目的具体特点，经过协商达成一致的内容；是对通用条款的补充和修改，使通用条款和专用条款成为双方当事人统一意愿的体现。专用条款为甲乙双方补充协议提供了一个可供参考的提纲或格式。

文本的附件则是对施工合同当事人的权利、义务的进一步明确，并且使得施工合同当事人的有关工作一目了然，便于执行和管理。其中，协议书附件 1 个，专用合同条款附件 10 个，具体附件如下：

1）协议书附件。

附件 1：承包人承揽工程项目一览表

2）专用合同条款附件。

附件 2：发包人供应材料设备一览表

附件 3：工程质量保修书

附件 4：主要建设工程文件目录

附件 5：承包人用于本工程施工的机械设备表

附件 6：承包人主要施工管理人员表

附件 7：分包人主要施工管理人员表

附件 8：履约担保格式

附件 9：预付款担保格式

附件 10：支付担保格式

附件 11：暂估价一览表

2. 施工合同文件构成及解释顺序

组成施工合同的文件应能互相解释，互为说明。除专用条款另有约定外，其组成和优先解释顺序如下：

1）本合同协议书。

2）中标通知书。

3）投标书及其附件。

4）本合同专用条款。

5）本合同通用条款。

6）标准、规范及有关技术条件。

7）图纸。

8）工程量清单。

9）工程报价单或预算书。

合同履行中，发包人和承包人有关工程的洽商、变更等书面协议或文件视为本合同的组成部分。

上述合同文件应能够互相解释、互相说明。当合同文件中出现矛盾或不一致时，上面的顺序就是合同的优先解释顺序。在不违反法律和行政法规的前提下，当事人可以通过协商变更施工合同的内容。这些变更的协议或文件，其效力高于其他合同文件，且签署在后的协议或文件的效力高于签署在前的协议或文件。

当合同文件内容出现含糊不清或不相一致时，在不影响工程正常进行的情况下，由双方协商解决。双方也可以提请负责监理的工程师做出解释；双方协商不成或不同意负责监理的工程师的解释时，可按争议的处理方式解决。

5.3.3　建设工程施工合同当事人一般责任

合同当事人是指发包人和承包人双方按合同约定在合同中享受权利和履行义务。熟悉合同当事人是下一步进行建设工程施工管理的基础。

1. 发包人的工作

发包人应按专用条款约定的时间和要求，完成以下工作：

1）办理土地征用、拆迁补偿、平整施工场地等工作，使施工场地具备施工条件，在开工后继续负责解决以上事项遗留问题。

2）将施工所需水、电、通信线路从施工场地外部接至专用条款约定地点，保证施工期间的需要。

3）开通施工场地与城乡公共道路的通道，以及专用条款约定的施工场地内的主要道路，满足施工运输的需要，保证施工期间的畅通。

4）向承包人提供施工场地的工程地质和地下管线资料，对资料的真实准确性负责。

5）办理施工许可证及其他施工所需证件、批件和临时用地、停水、停电、中断道路交通、爆破作业等的申请批准手续（证明承包人自身资质的证件除外）。

6）确定水准点与坐标控制点，以书面形式交给承包人，进行现场交验。

7）组织承包人和设计单位进行图纸会审和设计交底。

8）协调处理施工场地周围地下管线和邻近建筑物、构筑物（包括文物保护建筑）、古树名木的保护工作，承担相关费用。

9）发包人应做的其他工作，双方在专用条款内约定。

发包人不按合同约定完成以上工作，导致工期延误或给承包人造成损失的，发包人应赔偿承包人有关损失，顺延延误的工期。

2. 承包人的工作

承包人应按专用条款约定的时间和内容完成以下工作：

1）根据发包人委托，在其设计资质等级和业务允许的范围内，完成施工图设计或工程配套的设计，经工程师确认后使用，发包人承担由此发生的费用。

2）向工程师提供年、季、月度工程进度计划及相应进度统计报表。

3）根据工程需要，提供和维修非夜间施工使用的照明、围栏设施，并负责安全保卫。

4）按专用条款约定的数量和要求，向发包人提供施工场地办公和生活的房屋及设施，发包人承担由此发生的费用。

5）遵守政府有关主管部门对施工场地交通、施工噪声以及环境保护和安全生产的管理规定，按规定办理有关的手续，并以书面形式通知发包人。发包人承担由此发生的费用，但因承包人责任造成的罚款除外。

6）已竣工工程未交付发包人之前，承包人按专用条款的约定负责已完成工程的保护工作，保护期间发生损坏，承包人自费予以修复；对于发包人要求承包人采取特殊措施保护的工程部位和相应的追加合同价款，双方在专用条款内约定。

7）按专用条款约定做好施工场地地下管线和邻近建筑物、构筑物（包括文物保护建筑）、古树名木的保护工作。

8）保证施工场地的卫生状况符合环境卫生管理的有关规定，交工前按照专用条款约定的要求清理现场，承担因自身原因违反有关规定所造成的损失和罚款。

9）承包人应做的其他工作，双方在专用条款内进行约定。承包人未能履行上述各项义务，造成发包人损失的，承包人赔偿发包人的有关损失。

3. 工程师及其代表

监理单位委派的总监理工程师在施工合同中称工程师，业主派驻的或施工场地履行合同的代表在施工合同中也称工程师，但施工合同规定两者的职权不得相互交叉。

工程师不是施工合同的主体，因此只能是受业主委托来进行合同管理，所以业主必须以明确的方式告诉承包商工程师的具体情况。

工程师按合同约定行使职权，业主在专用条款内要求工程师在行使某些职权前需要征得业主批准的，工程师应征得业主批准。

工程师可委派工程师代表，行使合同约定的自己的职权，并可在认为必要时撤回委派。委派和撤回均应提前7天以书面形式通知承包商，负责监理的工程师还应将委派和撤回通知业主。工程师委派和撤回工程师代表的委派书和撤回通知作为施工合同的附件，必须予以保留。

工程师代表在工程师授权范围内向承包商发出的任何书面形式的函件，与工程师发出的函件具有同等效力。承包商对工程师代表向其发出的任何书面形式的函件有疑问时，可将此函件提交给工程师，工程师应进行确认。如果工程师代表发出的指令有失误，工程师应该进行纠正。

对于实行监理的工程建设项目，监理单位应按照《建设工程监理规范》（GB 50319—2013）（以下简称《监理规范》）的规定，组成项目监理机构，并明确监理人员的分工。《监理规范》规定，监理单位履行施工阶段的委托监理合同时，必须在施工现场设立项目监理机构。项目监理机构在完成委托监理合同约定的监理工作后可撤离施工现场。监理人员应包括总监理工程师、专业监理工程师和监理员，必要时可配备总监理工程师代表。

（1）总监理工程师

1）总监理工程师应履行以下职责：

① 确定项目监理机构人员的分工和岗位职责。

② 主持编写项目监理规划、审批项目监理实施细则，并负责管理项目监理机构的日常工作。

③ 审查分包商的资质，并提出审查意见。

④ 检查和监督监理人员的工作，根据工程项目的进展情况可进行监理人员调配，对不称职的监理人员应调换其工作。

⑤ 主持监理工作会议，签发项目监理机构的文件和指令。

⑥ 审定承包商提交的开工报告、施工组织设计、技术方案和进度计划。

⑦ 审核签署承包商的申请、支付证书和竣工结算。

⑧ 审查和处理工程师变更。

⑨ 主持或参与工程质量事故的调查。

⑩ 调解业主与承包商的合同争议，处理索赔，审批工程延期。组织编写并签发监理月报、监理工作阶段报告、专题报告和项目监理工作总结。审核签认分部工程和单位工程的质量检验评定资料，审查承包商的竣工申请，组织监理人员对待验收的工程项目进行质量检查，参与工程项目的竣工验收。主持整理工程项目的监理资料。

2）总监理工程师可以将自己的一部分职责委托给总监理工程师代表，但《监理规范》规定，下列工作不得委托，必须由总监理工程师亲自执行：

① 主持编写项目监理规划、审批项目监理实施细则。

② 签发工程开工/复工报审表、工程暂停令、工程款支付证书和工程竣工报验单。

③ 审核签认竣工结算。

④ 调解业主与承包商的合同争议、处理索赔、审批工程延期。

⑤ 根据工程项目的进展情况进行监理人员的调配，调换不称职的监理人员。

（2）专业监理工程师　专业监理工程师应按照专业进行配备，专业要与工程项目相配套。专业监理工程师应履行以下职责：

① 负责编制本专业的监理实施细则。

② 负责本专业监理工作的具体实施。

③ 组织、指导、检查和监督专业监理员的工作，当人员需要调整时，向总监理工程师提出建议。

④ 审查承包商提交的涉及本专业的计划、方案、申请和变更，并向总监理工程师提出报告。

⑤ 负责本专业分项工程验收及隐蔽工程验收。

⑥ 定期向总监理工程师提交本专业监理工作实施情况报告，遇到重大问题及时向总监理工程师汇报和请示。

⑦ 根据本专业监理工作实施情况做好监理日记。

⑧ 负责本专业监理资料的收集、汇总及整理，参与编写监理月报。

⑨ 核查进场材料、设备、构配件的原始凭证、检测报告等质量证明文件及其质量情况，根据实际情况认为有必要时对进场材料、设备、构配件进行平行检验，合格时予以签认。

⑩ 负责本专业的工程计量工作，审核工程计量的数据和原始凭证。

（3）监理员　监理员应履行以下职责：

① 在专业监理工程师的指导下开展现场监理工作。

② 检查承包商投入工程项目的人力、材料、主要设备及其使用、运行状况，并做好检查记录。

③ 复核或从施工现场直接获取工程计量的有关数据并签署原始凭证。

④ 按设计图及有关标准，对承包单位的工艺过程或施工工序进行检查和记录，对加工制作及工序施工质量检查结果进行记录。

⑤ 担任旁站监理工作，发现问题及时指出并向专业监理工程师报告。

⑥ 做好监理日记和有关的监理记录。

4. 工程师指令

（1）口头指令　对于工程师希望承包商完成的任务，一般情况下在工程例会中安排，但有时工程师也要通过指令及时安排承包商应该完成的任务。施工合同规定，工程师发给承包商的指令应该采取书面形式，但在确有必要时，工程师可发出口头指令，并在 48 小时内给予书面确认，承包商对工程师的指令应予执行。工程师不能及时给予书面确认的，承包商应于工程师发出口头指令后 7 天内提出书面确认要求。工程师在承包商确认要求后 48 小时内不予答复的，视为口头指令已被确认。

（2）执行指令　对于工程师的指令，一般情况下承包商都应予以执行。我国施工合同也规定，如果承包商认为工程师指令不合理，应在收到指令后 24 小时内向工程师提出修改指令的书面报告，工程师在收到承包商报告后 24 小时内做出修改指令或继续执行原指令的决定，并以书面形式通知承包商。紧急情况下，工程师要求承包商立即执行的指令或承包商虽有异议，但工程师决定仍继续执行的指令，承包商应予执行。

对于工程师指令的这一规定，是国内施工合同所特有的。一般在国际上，施工合同中承包商对工程师的指令都必须予以执行。如果工程师的指令有错误，承包商执行错误指令后的损失应由业主承担。我国的施工合同中，虽然提到了当承包商对工程师的指令有异议时可以向工程师提出，但是没有讲到如果认为不合理但又没有提出的情况应怎样解决，所以这样的规定似乎只是起到延缓承包商执行工程师指令的作用，实际操作的意义并不大，对承包商或工程师而言也没有任何约束力。

（3）错误指令的后果　一般情况下，工程师的指令承包商都必须予以执行，工程师如果发布错误的指令，承包商根据错误指令施工后，必然导致错误的结果，而错误的结果最终还是要予以纠正的。纠正错误的代价，是由于工程师的错误指令引起的，而工程师不是合同的主体，因此该代价自然由业主来承担。因此，施工合同规定，因工程师指令错误发生的追加合同价款和给承包商造成的损失由业主承担，延误的工期相应顺延。

（4）指令发布的延误　工程师应按合同约定及时向承包商提供所需的指令、批准并履行约定的其他义务。由于工程师未能按合同约定履行义务造成工期延误的，业主应承担延误造成的追加合同价款，并赔偿承包商的相关损失，顺延延误的工期。

5.4　建设工程施工合同的谈判

5.4.1　双方合同谈判的目的

合同谈判，是工程施工合同签订双方对是否签订合同以及合同具体内容达成一致的协商过程。通过谈判，能够充分了解对方及项目的情况，为高层决策提供信息和依据。

开标以后，发包方经过研究，往往选择几家投标人就工程有关问题进行谈判，然后选择中标者，这一过程称为谈判。

1. 发包方参加谈判的目的

1）发包方可根据参加谈判的投标人的建议和要求，也可吸收其他投标人的建议，对图纸、设计方案、技术规范进行某些修改后，估计可能对工程报价和工程质量产生的影响。

2）了解和审查投标人的施工规划和各项技术措施是否合理，以及负责项目实施的团队力量是否足够雄厚，能否保证工程质量和进度。

3）通过谈判，发包方还可以了解投标人报价的组成，进一步审核和压低报价。

2. 投标人参加谈判的目的

1）争取中标。即通过谈判宣传自己的优势，以及建议方案的特点等，以争取中标。

2）争取合理的价格。既要准备对付发包方的压价，又要准备在发包方拟修改设计、增加项目或提高标准时适当地提高报价。

3）争取改善合同条款。主要包括：争取修改过于苛刻的、不合理的条款，澄清模糊的条款和增加有利于保护投标人利益的条款。

5.4.2 谈判的过程

1. 谈判的准备工作

谈判工作的成功与否，通常取决于谈判准备工作的充分程度和在谈判过程中策略与技巧的运用。谈判的准备工作具体包括以下几部分内容：

（1）收集资料　谈判准备工作的首要任务就是要收集整理有关合同对方及项目的各种基础资料和背景材料，主要包括对方的资信状况、履约能力、发展阶段、已有成绩等，包括工程施工合同的谈判、签订与审查工程招投标与合同管理程项目的由来、土地获得情况、项目目前的进展、资金来源等。这些资料的来源有：双方进行的合法调查，前期接触过程中已经达成的意向书、会议纪要、备忘录、合同，以及双方参加前期阶段谈判的人员名单及其情况等。

（2）具体分析　所谓“知己知彼”才会“百战不殆”，在收集了相关资料以后，谈判的重要准备工作就是对己方和对方进行充分分析。

1）对本方的分析。签订工程施工合同之前，首先要确定工程施工合同的标的物，即拟建工程项目。发包方必须运用科学研究的成果，对拟建工程项目的投资进行综合分析和论证。发包方必须按照可行性研究的有关规定，进行定性和定量的分析研究，包括工程水文地质勘察、地形测量以及项目的经济、社会、环境效益的测算比较，在此基础上论证工程项目在技术上和经济上的可行性，对各种方案进行比较，筛选出最佳方案。依据获得批准的项目建议书和可行性研究报告，编制项目设计任务书并选择建设地点。建设项目的设计任务书和选点报告批准后，发包方就可以委托取得工程设计资格证书的设计单位进行设计，然后再进行招标。

对于承包方，在获得发包方发出招标公告后，不应盲目地投标，而应该做一系列调查研究工作。主要考察的问题有：工程建设项目是否确实由发包方立项、项目的规模如何、是否适合自身的资质条件、发包方的资金实力如何，这些问题可以通过审查有关文件，例如发包方的法人营业执照、项目可行性研究报告、立项批复、建设用地规划许可证等加以解决。承包方为承接项目，可以主动提出某些让利的优惠条件。但是，在项目是否真实、发包方主体是否合法、建设资金能否落实等原则性问题上不能让步。否则，即使在竞争中获胜，即使中标承包了项目，发生问题后，合同的合法性和有效性也得不到保证。在此种情况下，受损害最大的往往是承包方。

2）对对方的分析。对对方的基本情况的分析主要从以下几方面入手：

① 对对方谈判人员的分析。主要了解对手的谈判组由哪些人员组成，了解他们的身份、地位、性格、喜好、权限等，以注意与对方建立良好的关系，发展谈判双方的友谊，争取在谈判以前就营造出亲切感和信任感，为谈判创造良好的氛围。

② 对对方实力的分析。主要是指对对方诚信、技术、财力、物力等状况的分析。可以通过各种渠道和信息传递手段取得有关资料。外国公司很重视这方面的工作，他们往往通过各种机构和组织以及信息网络，对我国公司的实力进行调研。

实践中，对于承包方而言，一要重点审查发包方是否为工程项目的合法主体。发包方作为合格的施工承发包合同的一方，是否具有拟建工程项目的地皮的立项批文、建设用地规划许可证、建设用地批准书、建设工程规划许可证、施工许可证等证件，这在《中华人民共和国建筑法》第7条、第8条、第22条中均做了具体的规定；二要注意调查发包方的诚信和资金情况，看其是否具备足够的履约能力。如果发包方在开工初期就发生资金紧张的问题，就很难保证今后项目的正常进行，就会出现目前建筑市场上常见的拖欠工程款和垫资施工现象。

对于发包方，则应注意承包方是否具有承包该工程项目的相应资质。对于无资质证书承揽工程或越级承揽工程，或以欺骗手段获取资质证书，或允许其他单位或个人使用该企业的资质证书、营业执照的，该施工企业应承担法律责任；对于将工程发包给不具有相应资质的施工企业的，《中华人民共和国建筑法》也规定了发包方应承担法律责任。

3）对谈判目标进行可行性分析。分析工作中还包括分析自身设置的谈判目标是否正确合理、是否切合实际、是否能被对方接受，以及对方设置的谈判目标是否合理。如果自身设置的谈判目标有疏漏或错误，就盲目接受对方的不合理谈判目标，同样会造成项目实施过程中的后患。在实际中，由于承包方中标心切，往往会接受发包方极不合理的要求，比如带资、垫资、缩短工期等，造成其在今后发生回收资金、获取工程款、工期反索赔方面的困难。

4）对双方地位进行分析。根据此工程项目，与对方相比分析己方所处的地位也是很有必要的。这一地位包括整体与局部的优势和劣势。如果己方在整体上存在优势，而在局部存在劣势，则可以通过以后的谈判等弥补局部的劣势。但如果己方在整体上已显示劣势，则除非能有契机转化这一形势，否则就不宜再耗时、耗资去进行无利的谈判。

（3）拟订谈判方案　对己方与对方分析完毕之后，即可总结该项目的操作风险、双方的共同利益、双方的利益冲突，以及双方在哪些问题上已取得一致，还存在着哪些问题，甚至原则性的分歧等，然后拟订谈判的初步方案，决定谈判的重点。

2. 明确谈判内容

（1）关于工程范围　承包方所承担的工程范围，包括施工、设备采购、安装和调试等。在签订合同时要做到范围清楚、责任明确，否则将导致报价漏项。

（2）关于合同文件　在拟制合同文件时，应注意以下几个问题：

① 应将双方一致同意的修改和补充意见整理为正式的“附录”，并由双方签字作为合同

的组成部分。

② 应当由双方同意将投标前发包方对各承包方质疑的书面答复作为合同的组成部分，因为这些答复既是标价计算的依据，也可能是今后索赔的依据。

③ 应该标明“合同协议同时由双方签字确认的图样属于合同文件”，以防发包方借补图样的机会增加工程内容。

④ 对于作为付款和结算工程价款的工程量及价格清单，应该根据议标阶段作出的修正重新审定，并经双方签字。

⑤ 尽管采用的是标准合同文本，但在签字前也必须全面检查，对于关键词语和数字更应该反复核对，不得有任何大意。

（3）关于双方的一般义务

① 关于“工作必须使监理工程师满意”的条款。这是在合同条件中常常见到的。应该注明，“使监理工程师满意”只能是施工技术规范和合同条件范围内的满意，而不是其他。合同条件中还常常规定，“应该遵守并执行监理工程师的指示”。对此，承包方通常是书面记录下监理工程师对某问题指示的不同意见和理由，以作为日后付诸索赔的依据。

② 关于履约保证。应该争取发包方接受由国内银行直接开出的履约保证函。有些国家的发包方一般不接受外国银行开出的履约担保，因此，在合同签订前，应与发包方共同选一家既与国内银行有往来关系，又能被对方接受的当地银行开具保函，并事先与当地银行或国内银行协商解决。

③ 关于工程保险。应争取发包方接受由中国人民保险公司出具的工程保险单，如发包方不同意接受，可由一家在当地有信誉的保险公司与中国人民保险公司联合出具保险单。

④ 关于工人的伤亡事故保险和其他社会保险。应力争向承包方本国的保险公司投保。有些国家具有强制性社会保险的规定，对于外籍工人，由于是短期居留性质，应争取免除在当地缴纳社会保险；否则，这笔保险金应计入合同价格之内。

⑤ 关于不可预见的自然条件和人为障碍问题。必须在合同中明确界定“不可预见的自然条件和人为障碍”的内容。如果招标文件中提供的气象、地质、水文资料与实际情况有出入，则应争取列为“非正常气象和水文情况”，此时由发包方提供额外补偿费用的条款。

（4）关于工程的开工和工期

① 区别工期与合同期的概念。合同期，表明一份合同的有效期，即从合同生效之日至合同终止之日的一段时间。而工期是对承包方完成其工作所规定的时间。在工程承包合同中，合同期通常长于工期。

② 应明确规定保证开工的措施。要保证工程按期竣工，首先要保证按时开工。将发包方影响开工的因素列入合同条件之中。如果由于发包方的原因导致承包方不能如期开工，则工期应顺延。

③ 施工中，如因变更设计造成工程量增加或修改原设计方案，或工程师不能按时验收工程，承包方有权要求延长工期。

④ 必须要求发包方按时验收工程，以免拖延付款，影响承包方的资金周转和工期。

⑤ 发包方向承包方提交的现场应包括施工临时用地，并写明其占用土地的一切补偿费用均由发包方承担。

⑥ 应规定现场移交的时间和移交的内容。所谓移交现场，应包括场地测量图样、文件

和各种测量标志的移交。

⑦ 单项工程较多的工程，应争取分批竣工，并提交工程师验收，颁发竣工证明。工程全部具备验收条件而发包方无故拖延验收时，应规定发包方向承包方支付工程费用。

⑧ 承包方拥有由于工程变更、恶劣天气影响，或其他由于发包方的原因要求延长竣工时间的正当权利。

（5）关于材料和操作工艺

① 对于报送给监理工程师或发包方审批的材料样品，应规定答复期限。若发包方或监理工程师在规定答复期限不予答复，则视作“默许”。经“默许”后再提出更换，应该由发包方承担因延误工期和原报批的材料已订货而造成的损失。

② 如果发生材料代用、更换型号及其标准问题时，承包方应注意两点：其一，将这些问题载入合同“附录”中；其二，如有可能，可趁发包方在因议标压价而提出材料代用的意见，更换那些原招标文件中规定的高价或难以采购的材料，承包方提出用其熟悉货源并可获得优惠价格的材料代替。

③ 对于应向监理工程师提供的现场测量和试验的仪器设备，应在合同中列出清单，写明名称、型号、规格、数量等。如果超出清单内容，则应由发包方承担超出的费用。

④ 关于工序质量检查问题。如果监理工程师延误了上道工序的检查时间，往往使承包方无法按期进行下一道工序，从而使工程进度受到严重影响。因此，应对工序检验制度做出具体规定，特别是对需要及时安排检验的工序要有时间限制。超出限制时，若监理工程师未予检查，则承包方可认为该工序已被接受，可进行下一道工序的施工。

⑤ 争取在合同或“附录”中应写明材料化验和试验的权威机构，以防止因化验结果的权威性而产生争执。

（6）关于施工机具、设备和材料的进口　承包方应争取用本国的机具、设备和材料去承包涉外工程。许多国家允许承包方从国外运入施工机具、设备和材料为该工程专用，工程结束后再将机具和设备运出国境。如有此规定，应列入合同“附录”中。另外，还应要求发包方协助承包方取得施工机具、设备和材料的进口许可。

（7）关于工程维修　应当明确维修工程的范围、维修期限和维修责任。一般工程维修期届满应退还维修保证金。承包方应争取以维修保函替代工程价款的保证金。因为维修保函具有保函有效期的规定，可以保障承包方在维修期满时自行撤销其维修责任。

（8）关于工程的变更和增减　工程变更应有一个合适的限额，超过限额，承包方有权修改单价。对于单项工程的大幅度变更，应在工程施工初期提出，并争取规定限期。超过限期大幅度增加单项工程，由发包方承担材料、工资价格上涨而引起的额外费用；大幅度减少单项工程，发包方应承担因材料业已订货而造成的损失。

（9）关于付款　承包方最为关心的问题就是付款问题。发包方和承包方发生的争议，多数集中在付款问题上。付款问题可归纳为三个方面，即价格问题、支付方式问题、货币问题。

① 国际承包工程的合同计价方式有三类。如果是固定总价合同，承包方应争取订立“增价条款”，保证在特殊情况下，允许对合同价格进行自动调整，这样就将全部或部分成本增高的风险转移至发包方承担。如果是单价合同，合同总价格的风险将由发包方和承包方共同承担。其中，由于工程数量方面的变更而引起的预算价格的超出，将由发包方负担，而

单位工程价格中的成本增加则由承包方承担。对单价合同，也可带有“增价条款”。如果是成本加酬金合同，成本提高的全部风险由发包方承担，但是承包方一定要在合同中明确将哪些费用列为成本，哪些费用列为酬金。

② 支付方式问题。主要有支付时间、支付方式和支付保证等问题。在支付时间上，承包方越早得到付款越好。支付的方法有：预付款、工程进度付款、最终付款和退还保证金。对于承包方来说，一定要争取到预付款，而且预付款的偿还按预付款与合同总价的同一比例每次在工程进度款中扣除为好。对于工程进度付款，应争取它不仅包括当月已完成的工程价款，还包括运到现场的合格材料与设备费用。最终付款意味着工程的竣工，承包方有权取得全部工程的合同价款中一切尚未付清的款项。承包方应争取将工程竣工结算和维修责任予以区分，可以用一份维修工程的银行担保函来担保自己的维修责任，并争取早日得到全部工程价款。关于退还保证金问题，承包方争取降低扣留金额的数额，使之不超过合同总价的5%；并争取工程竣工验收合格后全部退还，或者用维修保函代替扣留的应付工程款。

③ 货币问题。主要是货币兑换限制、货币汇率浮动、货币支付问题。货币支付条款主要有：固定货币支付条款，即合同中规定支付货币的种类和各种货币的数额，今后按此付款，而不受货币价值浮动的影响；选择性货币条款，即可在几种不同的货币中选择支付，并在合同中用不同的货币标明价格。这种方式也不受货币价值浮动的影响，但关键在于选择权的归属问题，承包方应争取主动权。

（10）关于争端、法律依据及其他

① 应争取用协商和调解的方法解决双方争端。因为协商解决，灵活性比较大，有利于双方经济关系的进一步发展。如果协商不成需调解解决，则争取由中国的涉外调解机构调解；如果调解不成需仲裁解决，则争取由中国国际经济贸易仲裁委员会仲裁。

② 应注意税收条款，在投标之前应对当地税费状况进行调查，将可能发生的各种税费计入报价中，并应在合同中规定，对合同价格确定以后由于当地法令变更而导致税收或其他费用的增加，应由发包方按票据进行补偿。

③ 合同规定管辖的法律通常是当地法律。因此，应对当地相关法律有一定的了解。

总之，需要谈判的内容非常多，而且双方均以维护自身利益为核心进行谈判，更加使得谈判复杂化、艰难化。因此，需要精明强干的投标团队或者谈判团队进行仔细、具体的谋划。

5.4.3 谈判的策略和技巧

谈判是通过不断的会晤确定各方权利、义务的过程，它直接关系到双方最终的利益得失。因此，谈判不是一项简单的机械性工作，而是集合了策略与技巧的艺术。以下介绍几种常见的谈判策略和技巧：

（1）高起点战略　谈判的过程是双方妥协的过程，通过谈判，双方或多或少都会放弃部分利益以求得项目的进展，而有经验的谈判者在谈判之初就会有意识地向对方提出苛刻的谈判条件。这样对方会过高估计己方的谈判底线，从而在谈判中做出更多让步。

（2）掌握谈判议程，合理分配各议题的时间　工程建设的谈判一定会涉及诸多需要讨论的事项，而各谈判事项的重要性并不相同，谈判双方对同一事项的关注程度也并不相同。成功的谈判者善于掌握谈判的进程，在充满合作气氛的阶段，展开自己所关注的议题的商讨，从而抓住时机，达成有利于己方的协议；而在气氛紧张时，则引导谈判进入双方具有共识的议题，一方面缓和气氛，另一方面缩小双方分歧，推进谈判进程。同时，谈判者应懂得合理分配谈判时间，对于各议题的商讨时间应得当，不要过多拘泥于细节性问题。这样可以缩短谈判时间，降低谈判成本。

（3）注意谈判氛围　谈判各方往往存在利益冲突，要兵不血刃地获取谈判成功是不现实的。但有经验的谈判者会在各方分歧严重、谈判气氛激烈的时候采取润滑措施，舒缓压力。在我国，最常见的方式是饭桌式谈判，通过宴席联络谈判双方的感情，拉近双方的心理距离，进而在和谐的氛围中重新回到议题。

（4）避实就虚　这是孙子兵法中所提出的策略，谈判各方都有自己的优势和弱点。谈判者应在充分分析形势的情况下做出正确判断，利用对方的弱点猛烈攻击，迫使其做出妥协。而对于己方的弱点，则要尽量注意回避。

（5）拖延和休会　当谈判遇到障碍、陷入僵局的时候，拖延和休会可以使明智的一方有时间冷静思考，在客观分析形势后提出替代性方案。在一段时间的冷处理后，各方都可以进一步考虑整个项目的意义，进而弥合分歧，将谈判从低谷引向高潮。

（6）充分利用专家的作用　现代科技发展使个人不可能成为各方面的专家，而工程项目谈判又涉及广泛的学科领域。因此，充分发挥各领域专家的作用，既可以在专业问题上获得技术支持，又可以利用专家的权威性给对方施加心理压力。

（7）分配谈判角色　任何一方的谈判团都由众多人士组成，谈判中应利用各人不同的性格特征，有的唱红脸，有的唱白脸。如此软硬兼施，方可事半功倍。

复习思考与练习

一、简答题

1. 什么是合同谈判？
2. 怎样理解谈判的过程是双方妥协的过程？
3. 谈判的策略和技巧有哪些？
4. 订立工程合同的基本原则及具体要求是什么？
5. 订立工程合同的形式有哪些？
6. 工程合同的文件组成及主要条款包括哪些？

二、项目实训一

某机械厂（供方）和某机械公司（需方）签订供货合同，明确交货时间为当年 11 月底，合同到期，供方尚未交货。经需方一再催促，于同年 12 月底交货。但到货后，需方以供方延期交货为由拒绝收货。供方认为我方虽未按期交货，按《中华人民共和国合同法》规定应承担一定的责任，但你方并未明确向我方表示撤销合同，原合同仍应有效；需方反驳说，你方延期交货是违约行为，合同当然自动丧失效力。

问题：

如何处理这一纠纷？

三、项目实训二

A厂与B厂签订了一台机器设备转让合同，价款40万元。合同规定款到后一个月内交货。同年5月，A厂将货款一次付清，可是一个月后，B厂厂长调走了，继任厂长不承认该合同，提出对机器设备要重新作价否则不履行合同，致使A厂生产无法上马，并损失差旅费1万元。

问题：

（1）B厂这样做对吗？

（2）该纠纷应如何解决？

第6章

建设工程施工合同管理

6.1　建设工程施工合同质量管理

工程施工中的质量管理是合同履行中的重要环节。施工合同的质量管理涉及许多方面的因素，其中任何一个方面的缺陷和疏漏都会使工程质量无法达到预期的标准。

6.1.1　工程施工质量标准、规范和图纸

1. 标准、规范

按照《中华人民共和国标准化法》的规定，为保障人体健康、人身财产安全的标准属于强制性标准。建设工程施工的技术要求和方法即为强制性标准，施工合同当事人必须执行。《中华人民共和国建筑法》也规定，建筑工程施工的质量必须符合国家有关建筑工程安全标准的要求。因此，施工中必须使用国家标准、规范；没有国家标准、规范但有行业标准、规范的，使用行业标准、规范；没有国家和行业标准、规范的，使用工程所在地的地方标准、规范。双方应当在专用条款中约定使用标准、规范的名称。发包人应当按照专用条款约定的时间向承包人提供一式两份约定的标准、规范。

如果国内没有相应的标准、规范，可以由合同当事人约定工程适用的标准。首先，应由发包人按照约定的时间向承包人提出施工技术要求，承包人按照约定的时间和要求提出施工工艺，经发包人认可后执行；若发包人要求工程使用国外标准、规范，发包人应负责提供中文译本。购买、翻译和制定标准、规范或制定施工工艺的费用，由发包人承担。

2. 图纸

建设工程施工应当按照图纸进行。施工合同管理中的图纸是指由发包人提供或者由承包人提供，经工程师批准、满足承包人施工需要的所有图纸（包括配套说明和相关资料）。按时、按质、按量地提供施工所需图纸，也是保证工程施工质量的重要方面。

（1）发包人提供图纸　在我国目前的建设工程管理体制中，施工中所需图纸主要由发包人提供（发包人通过设计合同委托设计单位设计）。在对图纸的管理中，发包人应当完成以下工作：

① 发包人应当按照专用条款约定的日期和套数，向承包人提供图纸。

② 承包人如果需要增加图纸套数，发包人应当代为复制，这意味着发包人应当为图纸的正确性负责。

③ 如果对图纸有保密要求，承包人应当承担保密措施费用。

对于发包人提供的图纸，承包人应当完成以下工作：

① 在施工现场保留一套完整的图纸，供工程师及相关人员进行工程检查时使用。

② 承包人如果需要增加图纸套数，复制费用由承包人承担。

③ 如果专用条款对图纸提出保密要求，承包人应当在约定的保密期限内承担保密义务。

使用国外或者境外图纸不能满足施工需要时，双方在专用条款内约定复制、重新绘制、翻译、购买标准图纸等责任及费用承担方式。

工程师在对图纸进行管理时，重点是按照合同约定按时向承包人提供图纸，还要根据图纸检查承包人的工程施工。

（2）承包人提供图纸　有些工程的施工图纸的设计或者与工程配套的设计有可能由承

包人完成。如果合同中有这样的约定，则承包人应当在其设计资质允许的范围内，按工程师的要求完成这些设计，经工程师确认后使用，发生的费用由发包人承担。在这种情况下，工程师对图纸的管理重点是审查承包人的设计。

6.1.2 供应的材料设备

工程建设的材料设备供应的质量管理，是整个工程质量管理的基础。建筑材料、构配件生产及设备供应单位对其生产或者供应的产品质量负责。而材料设备的需方则应根据买卖合同的规定进行质量验收。

1. 材料设备的质量及其他要求

（1）材料生产和设备供应单位应具备法定条件　建筑材料、构配件生产及设备供应单位必须具备相应的生产条件、技术装备和质量保证体系，还要具备必要的检测人员和设备，把好产品看样、订货、储存、运输和核验的质量关。

（2）材料设备质量应符合要求：

① 符合国家或者行业现行有关技术标准规定的合格标准和设计要求。

② 符合在建筑材料、构配件及设备或其包装上注明采用的标准，符合以建筑材料、构配件及设备说明、实物样品等方式标明的质量状况。

（3）材料设备或者其包装上的标识应符合要求：

① 有产品质量检验合格证明。

② 有中文标明的产品名称、生产厂家、厂名和厂址。

③ 产品包装和商标样式符合国家有关规定和标准要求。

④ 设备应配有产品详细的使用说明书，电气设备还应附有线路图。

⑤ 实施生产许可证或使用产品质量认证标志的产品，应有许可证或质量认证的编号、批准日期和有效期限。

2. 发包人供应材料设备

（1）双方约定发包人供应材料设备的一览表　对于由发包人供应的材料设备，双方应当约定发包人供应材料设备的一览表，并作为合同附件。一览表的内容应当包括材料设备种类、规格、型号、数量、单价、质量等级、提供的时间和地点等。发包人按照一览表的约定提供材料设备。

（2）发包人供应材料设备的验收　发包人应当向承包人提供其供应材料设备的产品合格证明，并对这些材料设备的质量负责。发包人应在其所供应的材料设备到货前 24 小时，以书面形式通知承包人，由承包人派人与发包人共同清点。

（3）材料设备验收后的保管　发包人供应的材料设备经双方共同验收后由承包人妥善保管，发包人支付相应的保管费用。若因承包人的原因发生损坏或丢失，则由承包人负责赔偿。如果发包人不按规定通知承包人验收，那么发生的损坏丢失就由发包人负责。

（4）发包人供应的材料设备与约定不符时的处理　发包人供应的材料设备与约定不符时，应当由发包人承担有关责任，具体按照下列情况进行处理：

① 当材料设备单价与合同约定不符时，由发包人承担所有差价。

② 当材料设备的种类、规格、型号、数量、质量等级与合同约定不符时，承包人可以拒绝接收保管，由发包人运出施工场地并重新采购。

③ 当发包人供应材料的规格、型号与合同约定不符时，承包人可以代为调剂串换，发包人承担相应的费用。

④ 当到货地点与合同约定不符时，发包人负责运至合同约定的地点。

⑤ 当供应数量少于合同约定的数量时，发包人应将数量补齐；多于合同约定的数量时，发包人应负责将多出部分运出施工场地。

⑥ 若到货时间早于合同约定时间，则由发包人承担因此发生的保管费用；若到货时间迟于合同约定的供应时间，则由发包人承担相应的追加合同价款。发生延误，相应顺延工期，发包人赔偿由此使承包人产生的损失。

（5）发包人供应材料设备使用前的检验或试验　发包人供应的材料设备进入施工现场后，需要在使用前检验或者试验的，费用由发包人负责。在承包人检验通过之后，如果又发现材料设备有质量问题的，发包人仍应承担重新采购及拆除重建的追加合同价款，并相应顺延由此延误的工期。

3. 承包人采购材料设备

对于合同约定由承包人采购的材料设备，应当由承包人选择生产厂家或者供应商，发包人不得指定生产厂家或者供应商。

（1）承包人采购材料设备的验收　承包人根据专用条款的约定及设计和有关标准要求采购工程需要的材料设备，并提供产品合格证明。承包人在材料设备到货前24小时通知工程师验收。这是工程师的一项重要职责，工程师应当严格按照合同约定和相关标准进行验收。

（2）承包人采购的材料设备与要求不符时的处理　承包人采购的材料设备与设计或者标准要求不符时，工程师可以拒绝验收，由承包人按照工程师要求的时间运出施工场地，重新采购符合要求的产品，并承担由此产生的费用，由此延误的工期不予顺延。

工程师发现材料设备不符合设计或者标准要求时，应要求承包方负责修复、拆除或者重新采购，并承担产生的费用，由此造成的工期延误不予顺延。

（3）承包人使用代用材料　承包人需要使用代用材料时，需经工程师认可后方可使用，由此增减的合同价款由双方以书面形式议定。

（4）承包方采购材料设备在使用前检验或试验　承包人采购的材料设备在使用前，承包人应按工程师的要求进行检验或试验，不合格的不得使用，检验或试验费用由承包人承担。

6.1.3　工程质量检查及验收

工程验收是确认工程是否符合施工合同规定目的的行为，是质量管理中最重要的环节之一。

1. 工程质量标准

工程质量应当达到协议书约定的质量标准，质量标准的评定以国家或者专业的质量检验评定标准为依据。发包人对部分或者全部工程质量有特殊要求的，应支付由此增加的追加合同价款，对工期有影响的应给予相应顺延。

达不到约定标准的工程部分，工程师一经发现，可要求承包人返工，承包人应当按照工程师的要求返工，直到符合约定标准。因承包人的原因达不到约定标准，由承包人承担返工费用，工期不予顺延。因发包人的原因达不到约定标准的，由发包人承担返工的追加合同价款，工期相应顺延。因双方原因达不到约定标准的，责任由双方共同承担。

双方对工程质量有争议，由专用条款约定的工程质量监督部门鉴定，所需费用及因此造成的损失由责任方承担。若双方均有责任，则由双方根据责任大小分别承担。

2. 检查和返工

在工程施工过程中，工程师及其委派人员对工程的检查检验，是他们的一项日常性工作和重要职能。

承包人应认真按照标准、规范和设计要求以及工程师依据合同发出的指令施工，随时接受工程师及其委派人员的检查检验，并应为检查检验提供便利条件。工程质量达不到约定标准的部分，工程师一经发现，可要求承包人拆除和重新施工。承包人应按工程师及其委派人员的要求拆除并重新施工，承担由于自身原因导致拆除和重新施工的费用，工期不予顺延。

检查检验合格后，若又发现由承包人引起的质量问题，由承包人承担责任，赔偿发包人的直接损失，工期不予顺延。

检查检验不应影响施工的正常进行；如影响施工的正常进行，检查检验不合格时，影响正常施工的费用由承包人承担。除此之外，影响正常施工的追加合同价款由发包人承担，并相应顺延工期。

因工程师指令失误和其他非承包人原因发生的追加合同价款，由发包人承担。

3. 隐蔽工程和中间验收

由于隐蔽工程在施工中一旦完成隐蔽，就很难再对其进行质量检查，因此必须在隐蔽前进行检查验收，这也被称为中间验收。对于中间验收，合同双方应在专用条款中约定需要进行中间验收的单项工程和部位的名称、验收的时间和要求，以及发包人应提供的便利条件。

工程具体隐蔽条件和达到专用条款约定的中间验收部位，承包人进行自检，并在隐蔽和中间验收前 48 小时以书面形式通知工程师验收。通知应包括隐蔽和中间验收内容、验收时间和地点。承包人准备验收记录，验收合格，工程师在验收记录上签字后，承包人可进行隐蔽和继续施工；验收不合格，承包人应在工程师限定的时间内修改后重新验收。

如果工程质量符合标准、规范和设计图纸等的要求，在验收 24 小时后，工程师仍不在验收记录上签字的，则视为工程师已经批准，承包人可进行隐蔽或者继续施工。

4. 重新检验

工程师不能按时参加验收的，需在开始验收前 24 小时向承包人提出书面延期要求，但延期不能超过 48 小时。若工程师未能按以上时间提出延期要求且不参加验收，承包人则可自行组织验收，工程师应承认验收记录。

无论工程师是否参加验收，当其提出对已经隐蔽的工程进行重新检验的要求时，承包人都应按要求进行剥露开孔，并在检验后重新覆盖或者修复。检验合格，发包人承担由此发生的全部追加合同价款，赔偿承包人的损失，并相应顺延工期；检验不合格，承包人承担发生的全部费用，工期不予顺延。

5. 工程试车

（1）试车的组织责任　对于设备安装工程，应当组织试车。试车内容应与承包人承包的安装范围相一致。

1）单机无负荷试车。设备安装工程具备单机无负荷试车条件，由承包人组织试车。只有单机试运转达到规定要求才能进行联试。承包人应在试车前48小时书面通知工程师，通知内容包括试车内容、时间、地点。承包人准备试车记录，发包人根据承包人要求，为试车提供必要的条件。试车通过后，工程师在试车记录上签字。

2）联动无负荷试车。设备安装工程具备无负荷联动试车条件的，由发包人组织试车，并在试车前48小时书面通知承包人。通知内容包括试车内容、时间、地点和对承包人的要求，承包人应按要求做好准备工作和试车记录。试车通过后，双方在试车记录上签字。

3）投料试车。投料试车应当在工程竣工验收后由发包人全部负责。如果发包人要求承包方配合或在工程竣工验收前进行投料试车，应当征得承包人同意，另行签订补充协议。

（2）试车的双方责任

1）由于设计原因试车达不到验收要求，发包人应要求设计单位修改设计，承包人按修改后的设计重新安装。发包人承担修改设计、拆除及重新安装的全部费用和追加合同价款，工期相应顺延。

2）由于设备制造原因试车达不到验收要求，由该设备的采购一方负责重新购置和修理，承包方负责拆除和重新安装。设备由承包人采购，并由承包人承担修理或重新购置、拆除及安装的费用，工期不予顺延；设备由发包人采购的，发包人承担上述各项追加合同价款，工期相应顺延。

3）由于承包人施工原因而导致试车达不到验收要求的，承包人按工程师要求重新安装和试车，并承担重新安装和试车的费用，工期不予顺延。

4）试车费用除已包括在合同价款之内或者专用条款另有约定外，均由发包人承担。

5）工程师未在规定时间内提出修改意见的，或试车合格而不在试车记录上签字的，试车结束24小时后，记录自行生效，承包人可继续施工或办理竣工手续。

（3）工程师要求延期试车 工程师如果不能按时参加试车，需在开始试车前24小时向承包人提出书面延期要求，但延期不能超过48小时。若工程师未能按以上时间提出延期要求，不参加试车，承包人则可自行组织试车，发包人应当承认试车记录。

6. 竣工验收

竣工验收是全面考核建设工作，检查是否符合设计要求和工程质量的重要环节。

（1）竣工工程必须符合的基本要求 竣工交付使用的工程必须符合下列基本要求：

① 完成工程设计和合同中规定的各项工作内容，达到国家规定的竣工条件。

② 工程质量应符合国家现行有关法律、法规、技术标准、设计文件及合同规定的要求，并经质量监督机构核定为合格。

③ 工程所用的设备和主要建筑材料、构件应具有产品质量出厂检验合格证明和技术标准规定的必要的进场试验报告。

④ 具有完整的工程技术档案和竣工图，已办理的工程竣工交付使用的有关手续。

⑤ 已签署的工程保修证书。

（2）竣工验收中，承发包双方的具体工作程序和责任 工程具备竣工验收条件，承包人按国家工程竣工验收有关规定，向发包人提供完整的竣工资料及竣工验收报告。双方约定由承包人提供竣工图，应当在专用条款内约定提供的日期和份数。

发包人收到竣工验收报告后28天内组织有关部门验收，并在验收后14天内给予认可或提出修改意见。承包人按要求修改。如果由于承包人的原因而使得工程质量达不到约定的质量标准，承包人则应承担违约责任。

因特殊原因，发包人要求部分单位工程或者工程部位需甩项竣工时，双方需另行签订甩项竣工协议，明确各方责任和工程价款的支付办法。

建设工程未经验收或验收不合格的，不得交付使用。发包人强行使用的，由此发生的质量问题及其他问题，由发包人承担责任。但在这种情况下，发包人主要是对强行使用直接产生的质量问题及其他问题承担责任，其中不能免除承包人对工程的保修等责任。

7. 缺陷责任与保修

建设工程办理交工验收手续后，在规定的期限内，因勘察、设计、施工、材料等原因造成的质量缺陷，应当由施工单位负责维修。所谓质量缺陷，是指工程不符合国家或行业现行的有关技术标准、设计文件以及合同中对质量的要求。

（1）质量保修书的内容　承包人应当在工程竣工验收之前，与发包人签订质量保修书作为合同附件。质量保修书的主要内容包括：

① 质量保修项目内容及范围。

② 质量保证期。

③ 质量保修责任。

④ 质量保修金的支付方法。

（2）工程质量保修范围　质量保修范围包括地基基础工程、主体结构工程、屋面防水工程和双方约定的其他土建工程，以及电气管线、上下水管线的安装工程，供热、供冷系统工程项目。工程质量保修范围是国家强制性的规定，合同当事人不能约定减少国家规定的工程质量保修范围。工程质量保修的内容由当事人在合同中约定。

（3）质量保证期　质量保证期从工程竣工验收合格之日算起。对于分单项竣工验收的工程，按单项工程分别计算质量保证期。

合同双方可以根据国家有关规定，结合具体工程约定质量保证期，但双方的约定不得低于国家规定的最低质量保证期。《建设工程质量管理条例》和《房屋建筑工程质量保修办法》对正常使用条件下，建设工程的最低保修期限分别规定为：

1）地基基础工程和主体结构工程为设计文件规定的该工程合理使用年限。

2）屋面防水工程、有防水要求的卫生间、房间和外墙面的防渗漏，为 5 年。

3）供热与供冷系统，为采暖期和供冷期。

4）电气管线和给排水管道、设备安装和装修工程，为两年。

（4）质量保修责任

1）在工程质量保修书中应当明确建设工程的保修范围、保修期限和保修责任。因使用不当或者第三方造成的质量缺陷，以及不可抗力而造成的质量缺陷，不在保修范围内，保修费用由造成质量缺陷的责任方承担。

2）若承包人不按工程质量保修书约定履行保修义务或拖延履行保修义务，经发包人申告后，由建设行政主管部门责令改正，并处以 10 万元以上 20 万元以下的罚款。发包人也有权另行委托其他单位保修，由承包人承担相应责任。

3）保修期限内因工程质量缺陷造成工程所有人、使用人或第三方人身、财产损害时，受损害方可向发包人提出赔偿要求。发包人赔偿后可向造成工程质量缺陷的责任方追偿。

4）因保修不及时造成新的人身、财产损害，由造成拖延的责任方承担赔偿责任。

5）建设工程超过合理使用年限后，承包人不再承担保修义务和责任。若需要继续使用，产权所有人应当委托具有相应资质等级的勘察、设计单位进行鉴定。根据鉴定结果采取相应的加固、维修等措施后，重新界定使用期限。

6.2 建设工程施工合同进度管理

进度管理是施工合同管理的重要组成部分。合同当事人应当在合同规定的工期内完成施工任务，发包人应当按时做好准备工作，承包人应当按照施工进度计划组织施工。为此，工程师应当落实进度管理部门的人员、具体的控制任务和管理职能分工。承包人也应当落实具体的进度管理人员，编制合理的施工进度计划并控制其执行，即在工程进展全过程中，通过比较计划进度与实际进度，对出现的偏差及时采取措施。

施工合同的进度管理可以分为施工准备阶段、施工阶段和竣工验收阶段的进度管理。

6.2.1 施工准备阶段的进度管理

施工准备阶段的许多工作都对施工的开始和进度有直接的影响，包括双方对合同工期的约定、承包人提交进度计划、设计图纸的提供、材料设备的采购、延期开工的处理等。

1. 合同双方约定合同工期

施工合同工期是指施工的工程从开工起到完成施工合同专用条款双方约定的全部内容，工程达到竣工验收标准所经历的时间。合同工期是施工合同的重要内容之一，故施工合同文本要求双方在协议书中做出明确约定。约定的内容包括开工日期、竣工日期和合同工期的总日历天数。合同工期是按总日历天数计算的，包括法定节假日在内的承包天数。合同当事人应当在开工日期前做好一切开工准备工作，承包人则应按约定的开工日期开工。

2. 承包人提交进度计划

承包人应当在专用条款约定的日期，将施工组织设计和工程进度计划提交工程师。群体工程中采取分阶段进行施工的单项工程，承包人应按照发包人提供图纸及有关资料的时间，按单项工程编制进度计划，并分别提交给工程师。

3. 工程师对进度计划予以确认或者提出修改意见

工程师接到承包人提交的进度计划后，应当予以确认或者提出修改意见，时限则由双方在专用条款中约定。如果工程师逾期不确认也不提出书面意见，则视为已经同意。

工程师对进度计划予以确认或者提出修改意见的主要目的，是为工程师对进度进行控制提供依据，并不免除承包人对施工组织设计和工程进度计划本身的缺陷所应承担的责任。

4. 其他准备工作

在开工前，合同双方还应当做好其他各项准备工作。如发包人应当按照专用条款的规定使施工现场具备施工条件，开通施工现场的道路与公共道路，承包人应当做好施工人员安排和设备的调配工作。

对于工程师而言，特别需要做好水准点与坐标控制点的校验，按时提供标准和规范。为了能够按时向承包人提供设计图纸，工程师可能还需要做好设计单位的协调工作，按照专用条款的约定组织图纸会审和设计交底。

5. 延期开工

（1）承包人要求的延期开工　如果是承包人要求的延期开工，则工程师有权决定是否延期开工。承包人应当按协议书约定的开工日期开始施工。如果承包人不能按时开工，应在不迟于协议书约定的开工日期前7天，以书面形式向工程师提出延期开工的理由和要求，工程师在接到延期开工申请后的48小时内以书面形式答复承包人。如工程师在接到延期开工申请后的48小时内不答复，则视为同意承包人的要求，工期相应顺延。如果工程师不同意延期要求，工期不予顺延。如果承包人未在规定时间内提出延期开工要求，工期也不予顺延。

（2）发包人原因的延期开工　因发包人的原因不能按照协议书约定的开工日期开工，工程师以书面形式通知承包人后，可推迟开工日期。承包人对延期开工的通知没有否决权，但发包人应当赔偿承包人因此造成的损失，相应顺延工期。

6.2.2　施工阶段的进度管理

工程开工后，合同履行即进入施工阶段，直至工程竣工。这一阶段的进度管理任务是控制施工任务在协议书规定的合同工期内完成。

1. 监督进度计划的执行

开工后，承包人必须按照工程师确认的进度计划组织施工，接受工程师对进度的检查和监督。这是工程师进行进度控制的一项日常性工作，检查、监督的依据是已经确认的进度计划。

一般情况下，工程师每月检查一次承包人的进度计划执行情况，由承包人提交一份上月进度计划实际执行情况和本月的施工计划。同时，工程师还应进行必要的现场实地检查。

当工程实际进度与进度计划不符时，承包人应当按照工程师的要求给出改进措施，经工程师确认后执行。但是，对于因承包人自身的原因造成工程实际进度与经确认的进度计划不符的，所有后果都应由承包商自行承担，工程师也不对改进措施的效果负责。如果采用改进措施一段时间后，工程的实际进度赶上了进度计划，则仍可按原进度计划执行；如果采用改进措施一段时间后，工程实际进度仍明显与进度计划不符，则工程师可以要求承包人修改原进度计划，并经工程师确认。但是，这种确认并不是工程师对工程延期的批准，而仅仅是要求承包人在合理的状态下施工。因此，如果修改后的进度计划不能按期完工，承包人仍应承担相应的违约责任。

工程师应当随时了解施工进度计划执行过程中存在的问题，并帮助承包人予以解决，特别是承包人无力解决的内外关系协调问题。

2. 暂停施工

在施工过程中，有些情况会导致暂停施工。暂停施工当然会影响工程进度，作为工程师应当尽量避免暂停施工。暂停施工的原因很多，但归纳起来有以下3个方面：

（1）工程师要求的暂停施工　工程师在主观上是不希望暂停施工的，但有时继续施工会造成更大的损失。在确有必要时，工程师应当以书面形式要求承包人暂停施工，不论暂停施工的责任在发包人还是在承包人。工程师应当在暂停施工要求提出后48小时内提出书面处理意见。承包人应当按照工程师的要求停止施工，并妥善保护已完工工程。承包人收到工程师做出的处理意见后，可提出书面复工要求，工程师应当在48小时内给予答复。工程师未能在规定时间内提出处理意见，或收到承包人复工要求后48小时内未予答复，承包人可以自行复工。

如果停工责任在发包人，则由发包人承担所发生的追加合同价款，赔偿承包商由此造成的损失，并相应地顺延工期；如果停工责任在承包人，则由承包人承担发生的费用，工期不予顺延。由于工程师不及时做出答复而导致承包人无法复工，由发包人承担违约责任。

（2）由于发包人违约，承包人主动暂停施工　当发包人出现某些违约情况时，承包人可以暂停施工，这是承包人保护自己权益的有效措施。如发包人不按合同规定及时向承包人支付工程预付款，或发包人不按合同规定及时向承包人支付工程进度款且双方未达成延期付款协议，在承包人发出要求付款通知后仍不付款，那么经过一定时间后，承包人均可暂停施工。这时，发包人应当承担相应的违约责任。出现这种情况时，工程师应当尽量督促发包人履行合同，以求减少双方的损失。

（3）意外情况导致的暂停施工　如果在施工过程中出现一些意外情况，需要暂停施工，那么承包人应暂停施工。在这种情况下，工期是否给予顺延应视风险责任的承担情况确定。如发现有价值的文物、发生不可抗力事件等，风险责任应当由发包人承担，故应允许工期顺延。

3. 设计变更

在施工过程中如果发生设计变更，将对施工进度产生很大的影响。因此，工程师在其可能的范围内应尽量减少设计变更。如果必须对设计进行变更，应当严格按照国家的规定和合同约定的程序进行。

（1）发包人对原设计进行变更　施工中发包人如果需要对原工程设计进行变更，应不迟于变更前14天以书面形式向承包人发出变更通知，变更超过原设计标准或者批准的建设规模时，需经原规划管理部门和其他有关部门的审查批准，并由原设计单位提供变更的相应的图纸和说明。

（2）承包人要求对原设计进行变更　承包人应当严格按照图纸施工，不得随意变更设计。施工中，若承包人提出合理化建议涉及对设计图纸进行变更，则需经工程师同意。工程师同意变更后，也需经原规划管理部门和其他有关部门审查批准，并由原设计单位提供变更的相应的图纸和说明。承包人未经工程师同意不得擅自变更设计，否则因擅自变更设计发生的费用和由此导致发包人的直接损失，由承包人承担，延误的工期不予顺延。

由于发包人对原设计进行变更，以及经工程师同意的、承包人要求进行的设计变更，导致合同价款的增减及造成的承包人损失，由发包人承担，延误的工期相应顺延。

4. 工期延误

承包人应当按照合同约定完成工程施工，如果由于其自身的原因造成工期延误，应当承担违约责任。但在有些情况下，工期延误后，竣工日期也可以相应顺延。

（1）工期可以顺延的工期延误　因以下原因造成工期延误，经工程师确认，工期相应顺延：

1）发包人不能按专用条款的约定提供开工条件。

2）发包人不能按约定日期支付工程预付款、进度款，致使工程不能正常进行。

3）工程师未按合同约定提供所需指令、批准等，致使施工不能正常进行。

4）设计变更和工程量增加。

5）一周内因非承包人原因停水、停电、停气造成停工累计超过 8 小时。

6）不可抗力。

7）专用条款中约定的或工程师同意工期顺延的其他情况。

在这些情况下工期可顺延的根本原因在于：这是属于发包人违约或者是应当由发包人承担的风险。反之，如果造成工期延误的原因是承包人的违约或者是应当由承包人承担的风险，则工期不能顺延。

（2）工期顺延的确认程序　发包人在工期可以顺延的情况发生后 14 天内，应将延误的工期书面报告给工程师。工程师在收到报告后 14 天内予以确认答复，逾期不予答复，视为报告要求已经被确认。

当然，工程师确认的工期顺延期限应当是事件造成的合理延误，由工程师根据发生事件的具体情况和工期定额、合同等的规定加以确认。经工程师确认的顺延的工期应纳入合同工期，作为合同工期的一部分。如果承包人不同意工程师的确认结果，则按合同规定的争议解决方式处理。

6.2.3　竣工验收阶段的进度管理

竣工验收，是发包人对工程的全面检验，是保修期外的最后阶段。在竣工验收阶段，工程师进度管理的任务是督促承包人完成工程扫尾工作，协调竣工验收中的各方关系并参加竣工验收。

1. 竣工验收的程序

工程应当按期竣工。工程按期竣工有两种情况：承包人按照协议书约定的竣工日期或者工程师同意顺延的工期竣工。工程如果不能按期竣工，承包人应当承担违约责任。

（1）承包人提交竣工验收报告　当工程按合同要求全部完成后，工程具备了竣工验收条件，承包人按国家工程竣工验收的有关规定，向发包人提供完整的竣工资料和竣工验收报告，并按专用条款要求的日期和份数向发包人提交竣工图。

（2）发包人组织验收　发包人在收到竣工验收报告后 28 天内组织有关部门验收，并在验收 14 天内给予认可或者提出修改意见。承包人应当按要求进行修改，并承担由自身原因造成修改的费用。竣工日期为承包人送交竣工验收报告的日期。需修改后才能达到验收要求的，竣工日期为承包人修改后提请发包人验收的日期。中间交工工程的范围和竣工时间，由双方在专用条款内约定，其验收程序与上述规定相同。

（3）发包人不按时组织验收的后果　若发包人收到承包人送交的竣工验收报告后 28 天内不组织验收，或者在验收后 14 天内不提出修改意见，则视为竣工验收报告已经被认可。发包人收到承包人送交的竣工验收报告后 28 天内不组织验收的，从第 29 天起承担工程保管责任及一切意外责任。

2. 发包人要求提前竣工

在施工中，发包人如果要求提前竣工，应当与承包人进行协商，协商一致后应签订提前竣工协议。发包人应为赶工提供方便条件。提前竣工协议应包括以下几方面的内容：

① 提前的时间。

② 承包人采取的赶工措施。

③ 发包人为赶工提供的条件。

④ 承包人为保证工程质量采取的措施。

⑤ 提前竣工所需的追加合同价款。

3. 甩项工程

因特殊原因，发包人要求部分单位工程或工程部位甩项竣工的，双方应当另行签订甩项竣工协议，明确各方责任和工程价款的支付方法。

6.3　建设工程施工合同造价管理

6.3.1　施工合同价款

施工合同价款是按有关规定和协议条款约定的各种取费标准计算，用以支付承包方按照合同要求完成工程内容的价款总额。这是合同双方关心的核心问题之一，招标投标等工作主要是围绕合同价款展开的。合同价款应依据中标通知书中的中标价格或非招标工程的工程预算书确定。合同价款在协议书内约定后，任何一方不得擅自改变。合同价款可以按照固定价格合同、可调价格合同、成本加酬金合同三种方式约定。

6.3.2　工程预付款

双方应当在专用条款内约定发包人向承包人预付工程款的时间和数额，开工后按约定的时间和比例逐次扣回。预付时间应不迟于约定的开工日期前7天。如果发包人不按约定预付，承包人则在约定预付时间7天后向发包人发出要求预付的通知；如果发包人收到通知后仍不能按要求预付，承包人可在发出通知后7天停止施工，发包人应从约定应付之日起向承包方支付应付的贷款利息，并承担违约责任。

6.3.3　工程款（进度款）支付

1. 工程量的确认

对承包人已完成工程量的核实确认，是发包人支付工程款的前提。其具体的确认程序如下：

(1) 承包人向工程师提交已完工程量的报告　承包人应按专用条款约定的时间，向工程师提交已完工程量的报告。该报告应当由“完成工程量报审表”和作为其附件的“完成工程量统计报表”组成。承包人应当写明项目名称、申报工程量及简要说明。

(2) 工程师的计量　工程师接到报告后7天内按设计图纸核实完工程量（以下称计量），并在计量前24小时内通知承包人；承包人为计量提供便利条件并派人参加。如果承包人不参加计量，则由发包人自行进行，计量结果有效，作为工程价款支付的依据。

如果工程师收到承包人报告后7天内未进行计量，从第8天起，承包人报告中开列的工程量即视为已被确认，作为工程价款支付的依据。如果工程师不按约定时间通知承包人，导致承包人不能参加计量，则计量结果无效。

工程师对承包人超出设计图纸范围和（或）因自身原因造成返工的工程量，不予计量。

2. 工程款（进度款）结算方式

(1) 按月结算　这种结算办法实行旬末或月中预支，月末结算，竣工后清算的办法。

跨年度施工的工程，在年终进行工程盘点，办理年度结算。

（2）竣工后一次结算　建设项目或单项工程全部建筑安装工程建设期较短或施工合同价较低的，可以采用工程价款每月月中预支，竣工后一次结算的方式。

（3）分段结算　这种结算方式要求当年开工、当年不能竣工的单项工程或单位工程按照工程形象进度，划分不同阶段进行结算。分段的划分标准由各部门和省、自治区、直辖市、计划单列市规定，分段结算可以按月预支工程款。

实行竣工后一次结算和分段结算的工程，当年结算的工程应与年度完成工程量一致，年终不另外清算。

（4）其他结算方式　结算双方可以约定采用并经开户银行同意的其他结算方式。

3. 工程款（进度款）支付的程序和责任

发包人应在双方计量确认后 14 天内，向承包人支付工程款（进度款）。同期用于工程上的发包人供应材料设备的价款，以及按约定时间发包人应按比例扣回的预付款，与工程款（进度款）同期结算。合同价款调整、设计变更调整的合同价款及追加的合同价款，应与工程款（进度款）同期调整支付。

当发包人超过约定的支付时间不支付工程款（进度款）时，承包人可向发包人发出要求付款的通知。如果发包人在收到承包人通知后仍不能按要求支付，可与承包人协商签订延期付款协议，经承包人同意后可以延期支付。协议需明确延期支付时间和从结果确认计量后第 15 天起计算应付款的贷款利息。如果发包人不按合同约定支付工程款（进度款），双方又未达成延期付款协议，导致施工无法进行，承包人可停止施工，由发包人承担违约责任。

6.3.4　变更价款的确定

1. 变更价款的确定程序

设计变更发生后，承包人在工程设计变更确定后 14 天内提出变更工程价款的报告，经工程师确认后调整合同价款。如果承包人在确定变更后 14 天内不向工程师提出变更工程价款报告，则视为该项设计变更不涉及合同价款的变更。

工程师应在收到变更工程价款报告之日起 14 天内，予以确认。工程师无正当理由不确认时，自变更价款报告送达之日起 14 天后，变更工程价款报告自行生效。

工程师不同意承包人提出的变更价格，按照合同约定的争议解决方式处理。

2. 变更价款的确定方法

变更合同价款按照下列方法进行：

1）合同中已有适用于变更工程的价格，按合同已有的价格计算、变更合同价款。

2）合同中只有类似于变更工程的价格，可以参照此价格确定变更价格和合同价款。

3）合同中没有适用或类似于变更工程的价格，由承包人提出适当的变更价格，经工程师确认后执行。

6.3.5　竣工结算

1. 承包人递交竣工决算报告及违约责任

工程竣工验收报告经发包人认可后，承发包双方应当按协议书约定的合同价款及专用条款约定的合同价款调整方式，进行工程竣工结算。

工程竣工验收报告经发包人认可后28天内，承包人向发包人递交竣工决算报告及完整的结算资料。

工程竣工验收报告经发包人认可后28天内，承包人未能向发包人递交竣工决算报告及完整的结算资料，造成工程竣工结算不能正常进行或工程竣工结算价款不能及时支付，发包人要求交付工程的，承包人应当交付；发包人不要求交付工程的，承包人承担保管责任。

2. 发包人的核实和支付

发包人自收到竣工结算报告及结算资料后28天内进行核实，确认后支付工程竣工结算价款。承包人收到竣工结算价款后14天内将竣工工程交付发包人。

3. 发包人不支付结算价款的违约责任

发包人收到竣工结算报告及结算资料后28天内无正当理由不支付工程竣工结算价款，从第29天起按承包人同期向银行贷款利率支付拖欠工程价款的利息，并承担违约责任。

发包人收到竣工决算报告及结算资料后28天内不支付工程竣工结算价款的，承包人可以催告发包人支付结算价款。发包人在收到竣工结算报告及结算资料后56天内仍不支付的，承包人可以与发包人协议将该工程折价，也可以由承包人向法院申请依法拍卖该工程，承包人就该工程折价或者拍卖的价款优先受偿。

6.3.6　质量保修金

1. 质量保修金的支付

保修金由承包人向发包人支付，也可由发包人从应付承包人工程款内预留。质量保修金的比例及金额由双方约定，但不应超过施工合同价款的3%。

2. 质量保修金的结算与返还

工程的质量保证期满后，发包人应当及时结算和返还（如有剩余）质量保修金。发包人应当在质量保证期满后14天内，将剩余保修金和按约定利率计算的利息返还给承包人。

6.3.7　施工中涉及的其他费用

1. 不可抗力引起的费用

不可抗力包括因战争、动乱、空中飞行物体坠落或其他非承发包人责任造成的爆炸、火灾，以及专用条款约定的风、雨、雪、洪、震等自然灾害。不可抗力事件发生后，承包人应立即通知工程师，并在力所能及的条件下迅速采取措施减少损失，发包人应协助承包人采取措施。工程师认为应该暂停施工的，承包人应该暂停施工。不可抗力事件结束后48小时内，承包人向工程师通报受害情况和损失情况，以及清理和修复的预估费用。

如果不可抗力持续发生，承包人应每隔7天向工程师报告一次受害情况，不可抗力事件结束后14天内，承包人向工程师提交清理和修复费用的正式报告及有关资料。

因不可抗力事件导致的费用及延误的工期由双方按以下方法分别承担：

1）工程本身的损害、因工程损害导致第三方人员伤亡和财产损失，以及运至施工现场用于施工的材料和待安装的设备的损害，由发包人承担。

2）发包人、承包人人员伤亡由其所在单位负责，并承担相应费用。

3）承包人机械设备损坏及停工损失，由承包人承担。

4）停工期间，承包人应工程师要求留在施工现场的必要的管理人员及保卫人员的费用由发包人承担。

5）工程所需的清理和修复费用，由发包人承担。

6）延误的工期相应顺延。

因合同一方延迟履行合同后发生不可抗力的，不能免除延迟履行方的相应责任。

2. 安全施工方面的费用

承包人按工程质量、安全及消防管理有关规定组织施工，采取严格的安全防护措施，承担由于自身的安全措施不力造成事故的责任和因此发生的费用。非承包人责任造成安全事故的，由责任方承担责任和发生的费用。

如果发生重大伤亡及其他安全事故，承包人应按有关规定立即上报有关部门并通知工程师，同时按政府有关部门的要求处理，发生的费用由事故责任方承担。

发包人应对其在施工场地的工作人员进行安全教育，并对他们的安全负责。承包人在动力设备、输电线路、地下管道、密封防震车间、易燃易爆地段以及临街交通要道附近施工时，施工开始前应向工程师提出安全保护措施，经工程师认可后实施。防护措施费用由发包人承担。

实施爆破作业，在放射、毒害性环境中施工（含存储、运输）及使用毒害性、腐蚀性物品施工时，承包人应在施工前14天内以书面形式通知工程师，并提出相应的安全保护措施，经工程师认可后实施。安全保护措施费用由发包人承担。

3. 专利技术及特殊工艺涉及的费用

发包人如果要求使用专利技术或特殊工艺，需负责办理相应的申报手续，承担申报、试验、使用等费用。承包人按发包人要求使用，并负责试验等有关工作。如果是承包人提出使用专利技术或特殊工艺，报工程师认可后实施，并由承包人负责办理申报手续并承担有关费用。

擅自使用专利技术侵犯他人专利权的，责任者依法承担相应责任。

4. 文物和地下障碍物

在施工中发现古墓、古建筑遗址等文物及化石，或其他有考古、地质研究等价值的物品时，承包人应立即保护好现场并于4小时内以书面形式通知工程师。工程师应于收到书面通知后24小时内报告当地文物管理部门，并按管理部门的要求采取妥善的保护措施。发包人承担由此发生的费用，延误的工期相应顺延。

施工中发现影响施工的地下障碍物时，承包人应于8小时内以书面形式通知工程师，同时提出处置方案，工程师收到处置方案后8小时内予以认可或提出修正方案。发包人承担由此发生的费用，延误的工期相应顺延。

当所发现的地下障碍物有归属单位时，发包人可报请有关部门协同处置。

6.4 工程施工合同风险与安全管理

6.4.1 合同风险

工程项目建设关系的多元性、复杂性、多变性、履约周期长，以及金额大、市场竞争激烈等特征，构成了项目承包合同的风险性，因此几乎没有不存在风险因素的工程。慎重分析研究各种风险因素，在签订合同时尽量避免承担风险的条款，在履行合同时采取有效措施防范风险发生是十分重要的。

在实际建设工程中，许多承包人在工作中重中标、轻履约，重报价、轻措施，重义务、轻权利，重口头承诺、轻证据保留，重实体规定、轻程序过程，重客观性、轻时效性。这直接导致施工还没有开始，风险就已经潜藏了。由于一些合同管理人员素质不高或市场竞争激烈，承包人急于拿下工程而做出一些不适当的让步等原因，签订的合同更具风险性。

建设工程施工合同风险的主要表现如下：

1. 合同中不明确规定承包人的风险

大量的承包工程合同中都有对承包人承担风险的条款规定。例如，某合同中规定，承包人采购运进场地的工程材料，必须经发包人工地代表认可后才能用于工程。在这里，“认可”没有明确的标准，发包人代表可能会以此条款来要求提高材料的档次，使承包人支付较高的材料费。合同中所列明的条款必须明确，对双方当事人的权利及义务的划分必须清晰，用词肯定或有明确的范围，使合同条款具有可操作性，合同中含糊不清的用词会使履行方处于被动位置而蒙受损失。

2. 合同条文不完整，隐含潜在的风险

如合同中规定每月10日支付上个月的工程进度款，但因发包人资金筹措受阻，所以连续三个月拖欠工程款。承包人为了工程的进度不受影响而垫入了大笔资金，但由于合同中没有具体写入拖欠工程进度款的处罚规定，导致承包人向发包人对垫支资金利息的索赔失败，蒙受了较大的经济损失。类似情况在当前众多的工程合同中并不少见，有的合同中只规定了发包人提供施工场地的时间，但没有规定具体的范围和违约的处罚条款。在合同签订之前，双方应对合同条款进行逐条推敲，慎重考虑在合同履行过程中自己可能要承担的风险，并在合作共赢的基础上签订合同。

3. 合同丧失公正

如在合同中仅对一方规定了约束性条款，形成不公平的合同，使合同一方承担风险。例如，某工程合同中规定，从发包人全部提供施工场地之日起14日开工，并按实际开工日算工期，承包人应对延期负一切责任。如果该工程合同开工日为2009年3月20日，由于场地搬迁碰到难题，到2009年6月25日才具备开工条件。基础工程因地下室面积大，正赶上雨期施工，投入了大量人力、物力，进度缓慢。当承包人想起应提出索赔延期时，却因合同签订的条款对己方十分不利而致使索赔无力，承包人只好自费赶工，避免拖期受罚。

4. 承包人主动或被动地放弃自己的权利

在竞争激烈的市场条件下，承包人为获得承包工程，怕得罪发包人且受慑于发包人对中标单位的决定权，而放弃自己的权利；心理上不敢与发包单位进行平等的协商，对许多隐藏着风险甚至重大风险的中标条件、不合理要求和不利客观环境因素，均自愿或不自愿地予以接受。更有一些承包人，为了争取中标机会，在响应招标文件的实质条件之外，又进一步放弃自己的权利，提出超出公平范畴的更为优惠的条件，以致带来更大的风险。

5. 采用一方自定的合同文本

本着公平公正的原则，双方应高度重视合同谈判、合同文本起草和合理的风险转移。如果发包人不采用住建部的“示范文本”，而是选用其他文本或采用自己撰写的文本，那么合同条款就有可能形成合同陷阱。即使选用“示范文本”，发包人也会对文本进行节选，删除

发包人承担相关义务方面的条款内容，或者在签署合同时对相关的重要内容不进行填写，不进行明确，以确保己方的利益，为以后对合同进行有利于自己的解释做好准备。例如，在某一商住楼的施工项目上，发包人只使用“专用条款”，而未使用“通用条款”，不但使承包人的权利无从保障，“专用条款”也成了无源之水，而对发包人有约束的内容不进行填写，合同也就对发包人失去了足够的约束力。

6.4.2 工程施工合同风险管理

1. 风险和风险管理的概念

所谓风险要具备两方面条件：一是不确定性；二是产生损失后果，否则就不能称为风险。

施工合同风险就是干扰施工合同履行并影响其标的的不确定性。由于建筑工程投资大、建设周期长、建筑活动的专业性和技术性强，因此经常会有不确定性因素干扰施工合同的正常履行。这种客观存在的对合同履行有所干扰的不确定性，就是施工合同的风险。

2. 施工合同的风险因素

凡是能影响施工合同正确、适当履行的不确定性，都被视为施工合同的风险因素，也叫作项目的干扰因素。它会在施工合同履行过程中引发风险事件，并导致合同当事人索赔和承担违约责任。

施工合同的风险因素主要有以下几种：国家政策、法律、法规的变化；资金筹措方式和来源；工程款支付方式；监理人员失职；设计错误；合同计价方式的选择；承包商施工能力和财务状况；项目外部环境；投标报价错误；结算价款错误；通货膨胀，汇率变动及信贷风险；不可抗力；合同条款错误或有歧义；分包商违约；新技术应用。

3. 施工合同风险管理

风险管理就是一个识别、确定和度量风险，制订、选择和实施风险处理方案的过程。施工合同风险管理强调保障合同的履行。施工合同双方当事人均有风险，但是同一风险事件对建设工程不同参与方的影响有时迥然不同。因此，施工合同风险管理是发包人与承包人站在各自的角度进行的管理活动。

（1）发包人的风险管理

1）前期准备工作。项目前期准备工作，特别是设计阶段的工作对投资影响很大。设计图纸质量不高、项目意图不明确，就会导致施工阶段变更频繁，风险增加。

在招标阶段主要有招标文件起草和商签合同的工作。从可行性研究到招标，对投资的影响程度高达75%，如果有高素质人员协助起草招标文件与合同，就可能堵住合同错误、缺项的漏洞，从而保护自己的合法权益。

2）审慎授标。发包人在筛选中标单位时，应综合考虑报价、质量、工期及施工企业的信誉、技术力量和管理能力。严格投标资格预审，尤其应充分分析低报价的原因。在依照法定程序发出中标通知书并商签合同时，要进一步考察对方的资信情况，确信无疑后才能签订合同。

3）审慎选择监理工程师并适当监督。发包人要选择信誉好、公平、正直的监理工程师进行施工阶段的监督管理工作。发包人要注意到，监理工程师的苛刻检查和不适当处置也是承包人的风险，因此要注意选择有较高职业道德水准和服务水平的监理工程师。当然也要防止个别监理工程师与承包人串通一气，不严格执行国家标准，给工程造成隐患。

4）明确项目意图，建立公共关系机构。发包人应明确项目意图，不仅要合法，还要考虑项目周围的环境，不能使项目意图与环境发生冲突，否则，发包人有可能陷入持久的纷争，使项目拖期、工程受损。因此，发包人应专门设立公共关系机构，随时协调项目与政府、民众、社区的关系，保障项目顺利实施。

（2）承包人的风险管理　从理论上看，在施工合同中，承包人与发包人是平等的合同当事人。但是市场供求关系决定了建筑市场是发包人的市场，发包人可以选择承包商，而承包商却很难选择发包人，在施工合同中处于被动地位，因此承包人可能接受发包人提出的比较苛刻的合同条件。此外，在工程付款方面，发包人是主动方，如其违约，承包人只能以索赔方式寻求补偿。而承包人违约，发包人却可以采用直接扣减工程款或没收履约保证金等主动的方式来获得直接补偿。因此，承包人更应做好合同的风险管理工作。

1）认真研究招标文件与合同条件。承包人要在投标时或签订合同前认真研究招标文件与合同条款，清楚发包人是否采用了免责条款转移风险，设置的条款是否限制了自己合法、正当的索赔权利等，在此基础上考虑风险补偿，提出自己的合理报价。

2）认真进行现场踏勘，调查投标环境。招标文件注明的现场条件与现场的实际情况不一定完全相符。如果这类错误在合同条款中属于免责条款，承包人将不能索赔，因此承包人必须高度重视投标前的现场踏勘。

承包人不仅要了解施工现场，还应了解工程项目所在地的政治和经济形势、法律法规、风俗习惯、生产生活条件、自然条件等，以便确定合理的投标策略。一般而言，发包人所在国的政治风险是承包人的特殊风险，虽然规定这类特殊风险由发包人承担，但是当工程所在国发生战争、政变时，常会导致施工合同作废，甚至会没收承包人的财产，这类风险连发包人都无法避免，就更不用说向承包人补偿了。

3）谨慎选择分包人。工程项目中，承包人经常会选择分包人来承担专业性较强的工作，并借此机会与分包人分担部分相关风险，但是分包人也是承包人的风险因素之一。分包单位的任何违约行为、安全事故或疏忽导致工程损害或给发包人造成其他损失的，承包人承担连带责任。因此，分包人的信誉、技术水平、分包合同中对分包人的免责条款等，都意味着承包人的风险。承包人在选择分包人或签订分包合同时，都要谨慎对待上述问题，以免产生新的风险。

4）谨慎对待发包人的中标通知书和保留条件。发包人评标工作完成，确定中标人后，会向中标的承包人发出中标通知书，并要求商签合同。此时，发包人常常会借中标通知书发出而提出一些保留条件以引诱承包人屈从。承包人此时不应面露急色，而应谨慎洽谈合同，争取签订有利于己方的合同。

4. 施工合同风险对策

（1）风险对策概述　识别出风险，并对风险进行分析和评价后，风险管理人员就可以选择适当的风险对策了。常用的风险对策有四种，即风险回避、损失控制、风险自留和风险转移。

1）风险回避。风险回避就是以一定的方式中断风险源，使其不发生或不再发展，从而避免可能产生的潜在损失。采用风险回避这一对策时，有时需要做出一些牺牲，但较之承担风险，这些牺牲比风险真正发生时可能造成的损失要小得多。在某些情况下，风险回避是最佳对策。

2）损失控制。损失控制可分为预防损失和减少损失两方面工作。预防损失措施的主要作用在于降低或消除（通常只能做到减少）损失发生的概率；而减少损失措施的作用在于降低损失的严重性或遏制损失的进一步发展，使损失最小化。一般来说，损失控制方案都应当是预防损失措施和减少损失措施的有机结合。

3）风险自留。风险自留就是将风险留给自己承担。当风险量不大时，又能将风险损失控制在项目的风险储备之内，就可以用此方法。风险自留的最大好处就是节省风险对策的费用。

4）风险转移。风险转移是指为了避免承担风险损失，有意识地将损失或与损失有关的财务后果转移给他人承担的一种风险处理办法。风险转移是建设工程风险管理中非常重要而且应用广泛的一项对策，根据风险管理的基本理论，建设工程的风险应由有关各方分担，而风险分担的原则是：任何一种风险都应由最适宜承担该风险或最有能力进行损失控制的一方承担。符合这一原则的风险转移是合理的，可以取得双赢或多赢的结果。例如，项目决策风险应由业主承担，设计风险应由设计方承担，施工技术风险应由承包商承担等。

具体到施工合同风险的处理，主要包括合同风险的分担和合同风险的保险，即非保险转移和保险转移两种形式。

（2）施工合同的非保险转移　非保险转移也叫合同转移，一般是通过签订合同的方式将工程风险转移给非保险人的对方当事人。例如，在合同条款中规定，业主对场地条件不承担责任；又如，采用固定总价合同将涨价风险转移给承包商等。承包商也可通过合同转让或工程分包来转移自己的风险。如承包商中标承接某工程后，可能由于资源安排出现困难而将合同转让给其他承包商，以避免由于自己无力按合同规定的时间建成工程而遭受违约罚款；或将该工程中专业技术要求很强而自己缺乏相应技术的工程内容分包给专业分包商，从而更好地保证工程质量。

施工合同当事人应在下列情况下承担某种特定风险：

① 该风险在此当事人控制范围内。

② 该当事人可以转移此风险。

③ 由该当事人承担此风险费用最小。

④ 该合同当事人可以通过对此风险的处理获得大部分经济利益。

⑤ 如果此风险发生，损失最终由该合同当事人承担。

（3）施工合同的保险转移　保险转移通常直接称为保险，即建设工程业主或承包商作为投保人将本应由自己承担的工程风险（包括第三方责任）转移给保险公司，从而使自己免受风险损失。这种方式符合风险分担的基本原则，即保险人较投保人更适宜承担有关的风险。

业主和承包商可以将工程施工中的大部分风险都转移给保险公司，特别是发生重大自然灾害等毁坏性很强的风险时，可以从保险公司及时得到物质补偿，很快恢复施工，从而减少了资金方面的追加投入，保证工程能够按时按质完成。

针对我国施工合同风险的保险主要有建筑工程一切险（及第三者责任险）和安装工程一切险（及第三者责任险）。在国外，建设工程一切险的投保人一般是承包人，其依据是FIDIC《施工合同条件》。在我国，建设工程一切险的投保人一般是发包人，其依据是《建设工程施工合同（示范文本）》（GF-2017-0201）。

6.4.3　安全管理

1. 合同双方的安全责任

《建设工程安全生产管理条例》对发包人、承包人、设计勘察和监理等建设工程参与的各方都明确划分了责任范围。对于施工合同的安全管理，主要是指发包人、承包人和监理三方的安全责任的划分。

（1）发包人的安全责任

1）发包人应当向施工单位提供有关资料。

2）不得向有关单位提出影响安全生产的违法要求。

3）建设单位应当保证安全生产投入。

4）不得明示或暗示施工单位使用不符合安全施工要求的物资。

5）办理施工许可证或开工报告时应当报送安全施工措施。对于依法批准开工报告的建设工程，建设单位应当自开工报告批准之日起15日内，将保证安全施工的措施报送建设工程所在地的县级以上人民政府建设行政主管部门或其他有关部门备案。

6）将专业工程发包给具有相应资质的施工单位。建设单位应当在拆除工程施工15日前，将下列资料报送建设工程所在地的县级以上地方人民政府主管部门或者其他有关部门备案。

① 施工单位资质等级证明。

② 拟拆除建筑物、构筑物及可能危及毗邻建筑的说明。

③ 拆除施工组织方案。

④ 堆放、清除废弃物的措施。

实施爆破作业的，还应当遵守国家有关民用爆炸物品管理的规定。根据我国《民用爆炸物品管理条例》第27条的规定，使用爆破器材的建设单位，必须经上级主管部门审查同意，并持说明使用爆破器材的地点、品名、数量、用途、四邻距离的文件和安全操作规程，向所在地县、市公安局申请领取《爆炸物品使用许可证》后方准使用。根据《民用爆炸物品管理条例》第30条的规定，进行大型爆破作业，或在城镇与其他居民聚居的地方、风景名胜区和重要工程设施附近进行控制爆破作业，施工单位必须事先将爆破作业方案报县、市以上主管部门批准，并征得所在地县、市公安局同意，方准爆破作业。

（2）承包人的安全责任　《建筑工程安全生产管理条例》对承包人的安全责任做出了非常细致的规定，下面列出一些建设工程中最常见的安全管理事项，以便合同管理人员注意：

1）应当设立安全生产管理机构，配备专职安全生产管理人员。专职安全生产管理人员负责对安全生产进行现场监督检查。若发现安全事故隐患，应当及时向项目负责人和安全生产管理机构报告；对违章指挥、违章操作的，应当立即制止。

2）垂直运输机械作业人员、安装拆卸工、爆破作业人员、起重信号工和登高架设作业人员等特种作业人员，必须按照国家有关规定经过专门的安全作业培训，并取得特种作业操作资格证书后，方可上岗作业。

3）应当在施工组织设计中编制安全技术措施和施工现场临时用电方案，对达到一定规模的危险性较大的分部分项工程编制专项施工方案，并附安全验算结果，经施工单位技术负责人、总监理工程师签字后实施，由专职安全生产管理人员进行现场监督。

4）应当在施工现场入口、施工起重机械、临时用电设施、脚手架、出入通道口、楼梯口、电梯井口、孔洞口、桥梁口、隧道口、基坑边沿、爆破物及有害气体和液体存放处等危险部位，设置明显的安全警示标志。安全警示标志必须符合国家标准。

5）应当将施工现场的办公、生活区与作业区分开设置，并保持安全距离；办公区、生活区的选址应当符合安全性要求。职工的膳食、饮水和休息场所等应当符合卫生标准。施工单位不得在尚未竣工的建筑物内设置员工集体宿舍。

6）在使用施工起重机械和整体提升脚手架、模板等自升式架设设施前，应当组织有关单位进行验收，也可以委托具有相应资质的检验检测机构进行验收。

对施工中使用承租的机械设备和施工机具及配件的，由施工总承包单位、分包单位、出租单位和安装单位共同进行验收，验收合格后方可使用。施工单位应当自施工起重机械和整体提升脚手架、模板等自升式架设设施验收合格之日起30日内，向建设行政主管部门或者其他有关部门登记。登记标志应当置于或者附着于该设备的显著位置。

2. 生产安全事故

发生生产安全事故，承包人应按有关规定立即上报有关部门并通知工程师，同时按政府有关部门的要求处理。发包人、承包人对事故责任有争议时，应按政府有关部门的认定处理。

（1）安全事故的分级　根据生产安全事故（以下简称事故）造成的人员伤亡或者直接经济损失，事故一般分为四级：特别重大事故、重大事故、较大事故和一般事故。具体划分标准见表6-1。

表6-1　生产安全事故分级标准

等级分级标准	死　亡	重　伤	直接经济损失
特别重大事故	30人以上	100人以上	1亿元以上
重大事故	10人以上30人以下	50人以上100人以下	5000万元以上1亿元以下
较大事故	3人以上10人以下	10人以上50人以下	1000万元以上5000万元以下
一般事故	3人以下	10人以下	1000万元以下

注：1. 本表所称的“以上”包括本数，所称的“以下”不包括本数。
2. 依照中华人民共和国国务院令第493号《生产安全事故报告和调查处理条例》。

（2）事故的报告　事故发生后，事故现场有关人员应当立即向本单位负责人报告；单位负责人接到报告后，应当于1小时内向事故发生地县级以上人民政府安全生产监督管理部门和负有安全生产监督管理职责的有关部门报告。当遇情况紧急时，事故现场有关人员可以直接向事故发生地县级以上人民政府安全生产监督管理部门和负有安全生产监督管理职责的有关部门报告。

安全生产监督管理部门和负有安全生产监督管理职责的有关部门接到事故报告后，应当依照下列规定上报事故情况，并通知公安机关、劳动保障行政部门、工会和人民检察院。

1）特别重大事故、重大事故逐级上报至国务院安全生产监督管理部门和负有安全生产监督管理职责的有关部门。

2）较大事故逐级上报至省、自治区、直辖市人民政府安全生产监督管理部门和负有安全生产监督管理职责的有关部门。

3）一般事故上报至设区的市级人民政府安全生产监督管理部门和负有安全生产监督管理职责的有关部门。

安全生产监督管理部门和负有安全生产监督管理职责的有关部门依照以上规定上报事故情况，应当同时报告本级人民政府。国务院安全生产监督管理部门和负有安全生产监督管理职责的有关部门以及省级人民政府接到发生特别重大事故、重大事故的报告后，应当立即报告国务院。必要时，安全生产监督管理部门和负有安全生产监督管理职责的有关部门可以越级上报事故情况。

报告事故应当包括以下内容：

① 事故发生单位概况。

② 事故发生的时间、地点以及事故现场情况。

③ 事故的简要经过。

④ 事故已经造成或者可能造成的伤亡人数（包括下落不明的人数）和初步估计的直接经济损失。

⑤ 已经采取的措施。

⑥ 其他应当报告的情况。

（3）事故的调查　特别重大事故由国务院或者国务院授权有关部门组织事故调查组进行调查。重大事故、较大事故、一般事故分别由事故发生地省级人民政府、设区的市级人民政府、县级人民政府负责调查。省级人民政府、设区的市级人民政府、县级人民政府可以直接组织事故调查组进行调查，也可以授权或者委托有关部门组织事故调查组进行调查。未造成人员伤亡的一般事故，县级人民政府也可以委托事故发生单位组织事故调查组进行调查。上级人民政府认为必要时，可以调查由下级人民政府负责调查的事故。

事故调查组的组成应当遵循精简、效能的原则，并履行以下职责：

① 查明事故发生的经过、原因、人员伤亡情况及直接经济损失。

② 认定事故的性质和事故责任。

③ 提出对事故责任者的处理建议。

④ 总结事故教训，提出防范和整改措施。

⑤ 提交事故调查报告。

3. 安全费用

发包人按工程质量、安全及消防管理有关规定组织施工，采取严格的安全防护措施，承担由于自身的安全措施不力造成事故的责任和因此发生的费用。非承包人责任造成安全事故的，由责任方承担责任和发生的费用。

发生重大伤亡及其他安全事故，承包人应按有关规定立即上报有关部门并通知工程师，同时按政府有关部门要求处理，发生的费用由事故责任方承担。

承包人在动力设备、输电线路、地下管道、密封防震车间、易燃易爆地段以及临街交通要道附近施工时，施工开始前应向工程师提出安全保护措施，经工程师认可后实施，保护措施费用由发包人承担。

实施爆破作业，在放射、毒害性环境中施工（含存储、运输、使用）及使用毒害性、腐蚀性物品施工时，承包人应在施工前14天以书面形式通知工程师，并提出相应的安全保护措施，经工程师认可后实施。安全保护措施实施费用由发包人承担。

6.5　建设工程施工合同管理案例分析

【案例 6-1】

某大酒店（发包方）与装饰公司（承包方）签订了1~5楼装饰施工合同，工期为5个月。

双方关于装饰材料的合同内容有：石材由发包方指定材质、颜色和样品，并向承包方推荐供货商，由承包方与供货商签订供货合同；其他装饰材料由承包方采购；所有材料进场时都必须经监理工程师验收，合格后方可进场使用。

但在装饰施工合同履行过程中，出现了下列情况：

1）承包商采购了一批大芯板，未经监理工程师同意就用于施工，经检验发现承包方未能提交该批材料的产品合格证、生产许可证和有害物检测报告，且这批材料外观质量不好。

2）供货商将石材按合同采购量送达施工现场，进场检查时有部分石材的色差不符合要求，监理工程师通知承包方不得使用。承包方向供货商提出退换不符合要求的石材，供货商要求承包方支付退货运费，但承包方不同意支付。供货商要求发包方从应付承包方的工程款中扣除上述费用。

3）工程在保修期间，顶棚多处开裂，影响美观，发包方多次催促承包方修理，承包方一再拖延，最后发包方另请施工单位维修，修补费用为3万元。

问题：

（1）大芯板的质量问题应如何处理？为什么？

（2）关于石材方面：

① 业主指定石材的材质、颜色和样品是否合理？

② 承包方要求退换不符合要求的石材是否合理？为什么？

③ 厂家要求承包方支付退货运费、业主代扣运费款是否合理？为什么？

（3）维修费用如何处理？

【案例解析】

（1）该批大芯板应暂停使用，因无三证（生产许可证、出厂合格证、检测报告）。承包方应提交合法有效的材料三证，若限期不能提交，该批材料退场；若能提交有效的材料三证，并经检验合格，方可用于工程；若检验不合格，该材料不得使用。

（2）石材处理：

① 发包方指定石材材质、颜色、样品是合理的。

② 要求供货商退货是合理的，因为其供货不符合购货合同质量要求。

③ 供货商要求承包方支付退货运费不合理，退货是因供货商违约，故供货商应承担责任，发包方代扣退货运费不合理，因购货合同关系与发包方无关。

（3）1万元维修费应从承包方的质量保证金中扣除。

【案例6-2】

2019年4月28日，某建筑工程公司与某建材有限公司签订了一份建造办公楼、传达室的建筑工程承包合同。合同规定，工程期限从2019年4月28日开工至2019年7月28日竣工验收；工程质量确保合格，力争优良；工程价款支付方式按补充协议办理。补充协议规定：传达室工程竣工验收合格后一次性结算工程款；办公楼主体完成一层时支付工程款的30%，屋面工程完成时支付工程款的30%，竣工验收结算后，留尾款40%在半年内付清。该工程于当年5月开工，同年10月底竣工，所耗资金全部向银行贷款，但建材有限公司却未按补充协议的规定支付工程款。

建筑公司在催讨无果的情况下，向市中级人民法院提起诉讼，要求判被告建材有限公司支付工程款及逾期支付的违约金，并要求对原告建造的价值88.9万元的办公楼、传达室及水泥路面享有留置权，在拍卖后优先支付原告的工程款。

问题：

（1）请问对于该建筑公司因工程款纠纷的起诉，法院应否予以保护？

（2）通常工程竣工结算的前提是什么？

（3）工程价款结算的方式有哪几种？

【案例解析】

（1）法院应予以保护。因为原、被告双方自愿签订的建筑安装承包合同及补充协议内容不违反国家法律政策，属于有效合同。原告按合同规定履行义务，但被告未按规定支付工程款，属违约行为。现原告要求支付工程款及逾期支付工程款的违约金，合法合理，法院应予以保护。

（2）工程竣工结算的前提条件是承包商按照合同规定的内容全部完成所承包的工程，并符合合同要求，经验收质量合格。

（3）工程价款的结算方式主要分为按月计算、竣工后一次结算、分段结算以及双方议定的其他方式。

复习思考与练习

一、简答题

1. 什么是合同谈判？
2. 怎样理解谈判的过程是双方妥协的过程？
3. 谈判的策略和技巧有哪些？
4. 建设工程施工合同履约的含意和原则各是什么？
5. 简述建设工程施工合同交底的程序和内容。
6. 建设工程施工合同控制的含意与控制方式是什么？
7. 可调价合同中价格调整的范围有哪些？

8. 试述变更价款的确定程序和确定方法。

二、项目实训

某六层商住楼，总建筑面积 9536.28m^2，框架结构。通过公开招标，业主分别与承包商、监理单位签订了工程施工合同、委托监理合同。工程开工、竣工时间分别为当年 3 月 1 日和 12 月 20 日。承发包双方在专用条款中，对工程变更、工程计量、合同价款的调整及工程款的支付等都做了规定。约定采用工程量清单计价，工程量增减的约定幅度为 8%。

对变更合同价款确定的程序规定如下：①工程变更发生后的 7 天内，承包方应提出变更工程价款报告，经工程师确认后，调整合同价款；②若工程变更发生后 7 天内，承包方不提出变更工程价款的报告，则视为该变更不涉及价款变更；③工程师自收到变更价款报告之日起 7 天内应对此予以确认，若无正当理由不确认时，自报告送达之日起，14 天后该报告自动生效。

承包方在 5 月 8 日进行工程量统计时，发现原工程量清单有 1 项漏项；局部基础形式发生设计变更 1 项；相应地，有 3 项清单项目的工程量减少在 5% 以内，工程量比清单项目超过 6% 的 2 项，超过 10% 的 1 项，当即向工程师提出了变更报告。工程师在 5 月 14 日确认了此 3 项变更。5 月 20 日，承包方向工程师提出了变更工程价款的报告，工程师在 5 月 25 日确认了承包人提出的变更价款的报告。

问题：

（1）从确定合同价格的方式看，本例合同属于哪一类？

（2）变更合同价款应根据什么原则进行确定？

（3）合同中所述变更价款的程序规定有何不妥之处？如何改正？

第 7 章

建设工程施工索赔

7.1 建设工程施工索赔概述

在合同履行过程中，合同当事人往往由于非自己的原因而发生额外的支出或承担额外的工作，权利人依据合同和法律的规定，向责任人追回不应该由自己承担损失的合法行为，即索赔。因此，索赔是合同管理的重要内容。

7.1.1 施工索赔的概念与特征

1. 施工索赔的概念

施工索赔是指施工合同的一方当事人，对在施工合同履行过程中发生的并非由于自己责任造成的额外工作、额外支出或损失，依据合同和法律的规定要求对方当事人给予费用或工期补偿的合同管理行为。

施工索赔是一种正当的权利要求，是一种正常的、大量发生而且普遍存在的合同管理业务，是以法律和合同为依据的、合情合理的正当行为。对施工合同双方来说，承包方可以向发包人提出索赔，发包人也可以向承包方提出索赔。在实际工作中的施工索赔，多是指承包方向业主提出的索赔。

2. 施工索赔的特征

从索赔的基本含义，可以看出索赔具有以下基本特征：

（1）索赔是双向的　不仅承包人可以向发包人索赔，发包人同样也可以向承包人索赔。由于实践中发包人向承包人索赔发生的频率相对较低，而且在索赔处理中，发包人始终处于主动和有利的地位，对承包人的违约行为可以直接从应付工程款中扣抵、扣留保留金或通过履约保函向银行索赔来实现自己的索赔要求。因此，在工程实践中大量发生的、处理比较困难的是承包人向发包人的索赔，这也是监理人进行施工合同管理的重点内容之一。

（2）只有实际发生了经济损失或权利损害，一方才能向对方索赔　经济损失是指因对方因素造成合同外的额外支出，如人工费、材料费、机械费、管理费等额外开支。权利损害是指虽然没有经济上的损失，但造成了一方权利上的损害，如由于恶劣气候条件对工程进度的不利影响，承包人有权要求工期延长等。因此，发生了实际的经济损失或权利损害，应是一方提出索赔的基本前提条件。上述两者有时同时存在，如发包人未及时交付合格的施工现场，就会既造成承包人的经济损失，又侵犯承包人工期权利，承包人可以既要求经济赔偿，又要求工期延长；有时两者可能单独存在，如恶劣气候条件影响、不可抗力事件等，承包人根据合同规定或惯例只能要求工期延长，而不应要求经济补偿。

（3）索赔是一种未经对方确认的单方行为　它与我们通常所说的工程签证不同。在施工过程中，该签证是承发包双方就额外费用补偿或工期延长等达成一致的书面证明材料和补充协议，它可以直接作为工程款结算或最终增减工程造价的依据。而索赔则是单方面行为，对对方尚未形成约束力，这种索赔要求能否得到最终实现，必须要通过双方确认（如双方协商、谈判、调解或仲裁、诉讼）后才能实现。

7.1.2 施工索赔的分类

施工索赔的分类方法有很多，各种分类方法都从某一个角度对施工索赔进行分类，这种有目的的分类便于对施工索赔进行有效的管理。

1. 按施工索赔的目的分类

按索赔的目的，施工索赔可以分为工期索赔和费用索赔两类。承包方提出索赔时，首先要明确提出是工期索赔还是费用索赔。工期索赔是要求顺延工期，费用索赔是要求经济补偿。编写索赔报告和论证索赔要求时，应根据索赔目的提供依据和证明材料。

2. 按施工索赔的处理方式分类

按处理方法和处理时间的不同，施工索赔可以分为单项索赔和一揽子索赔两类。单项索赔是指当事人针对某一干扰事件的发生而及时提出的索赔。一揽子索赔是指在工程竣工前后，承包方将施工过程中已经提出的但尚未解决的索赔加以汇总，向业主提出的总索赔。

3. 按施工索赔发生的原因分类

（1）延期索赔　延期索赔是指由于业主的原因而使承包方不能按原定计划进行施工所引起的索赔，例如业主不按时供应材料、建筑法规的改变、业主不能按时提交图纸或各种批准等。

（2）工程变更索赔　工程变更索赔是指因合同中规定的工作范围变化而引起的索赔。发生工程变更索赔的主要情况有：业主和设计者主观意志的改变所引起的设计变更，以及设计的错误和遗漏所引起的设计变更等。

（3）施工加速索赔　施工加速索赔是指由于业主要求工程提前竣工或提出其他赶工要求而引起的索赔。施工加速往往会使承包方的劳动生产率降低，因此施工加速索赔又称劳动生产率损失索赔。

（4）不利现场条件索赔　不利现场条件是指合同的图纸和技术规范中所描述的现场条件与实际情况有实质性的不同；或是虽然合同中未做描述，却是有经验的承包方无法预料的情况。因出现不利现场条件而提出的索赔即不利现场条件索赔。

不利现场条件主要出现在地下的水文地质条件和隐藏着的地面条件方面，是施工项目中的固有风险因素，业主往往要求纳入投标报价，因此索赔相当困难。所以进行不利现场条件索赔时，承包方必须证明业主没有给出现场资料，或所给资料与实际情况相差甚远，或是有经验的承包方也无法预料的不利情况。

4. 按施工索赔的合同依据分类

（1）合同内索赔　合同内索赔是指可以直接引用合同条款作为索赔依据的施工索赔，分为合同明示的索赔和合同默示的索赔两种。

① 合同明示的索赔。合同明示的索赔是指承包方的索赔要求在合同中有文字依据，承包方可据此取得经济或工期的补偿。合同文件中有索赔文字规定的条款称为明示条款。

② 合同默示的索赔。承包方提出的索赔要求，在合同中虽然无明示条款，但可根据合同某些条款的含义推断出承包方有索赔权利。这种索赔请求同样具有法律效力。有补偿含义的条款，在合同管理中称为“默示条款”或“隐含条款”。

（2）合同外索赔　合同外索赔是指索赔内容虽在合同条款中找不到依据，但可从有关法律法规中找到依据的索赔。合同外的索赔通常表现为对违约造成的间接损害和违规担保造成的损害索赔，可在民事侵权行为的法律规范中找到依据。

（3）道义索赔　道义索赔是指承包方在合同中找不到索赔依据，业主也未违约或触犯民法，但因损失太大，自己无法承担而向业主提出给予优惠性补偿的请求。例如承包方投标时对标价估计不足而投低标，工程施工中发现比原先预计的困难大得多，有可能无法完成合同，某些业主为使工程顺利进行，会同意根据实际情况给予一定的补偿。

7.1.3　施工索赔的原因及处理原则

1. 施工索赔的原因

施工索赔的原因可以根据责任划分为两大类，一类是可归责于合同当事人的原因产生的索赔，即合同当事人违约行为产生的索赔，如发包人未及时交付图纸和基础资料；另一类是不可归责于合同当事人的原因产生的索赔，如合同履行过程中遭遇的不可抗力。具体主要有以下几种：

（1）工程变更　一般合同中均有变更条款，即发包人均保留变更工程的权利。发包人在任何时候均可对施工图、说明书、合同进度表，用文字写成书面文件进行变更。

① 工程变更的情况下，承包商必须熟悉合同规定的工程内容，以便确定执行的变更工程是否在合同范围以内。如果不在合同范围以内，承包商可以拒绝执行，或者经双方同意签订补充协议。

② 施工条件变化（即与现场条件不同）。这里所说的施工条件变化是针对以下两种情况：一是该条规定用来处理现场地面以下与合同出入较大的潜在自然条件的变更；二是现场的施工条件与合同确定的情况大为相同，承包商应立即通知发包人或工程师进行检查确认。

（2）工程延期　在以下情况下，工程完成期限允许推迟：

① 由于发包人或其员工的疏忽失职。

② 由于提供施工图的时间推迟。

③ 由于发包人中途变更工程。

④ 由于发包人暂停施工。

⑤ 工程师同意承包商提出的延期理由。

⑥ 不可抗力所造成的工程延期。

在发生上述任何一种情况时，承包商应立即将备忘录送给工程师，并提出延长工期的要求。

（3）不可抗力或意外风险　不可抗力，顾名思义即指超出合同各方控制能力的意外事件。

（4）不依法履行施工合同　承发包双方在履行施工合同的过程中，往往因一些意见分歧和经济利益驱动等人为因素而不严格执行合同文件，进而引起施工索赔。

除上述原因外，工程项目的特殊性，如工程规模大、技术难度大、投资额大、工期长、材料设备价格变化快，工程项目内外环境的复杂多变性，以及参与工程建设主体的多元性等问题。随着工程的逐步开展而不断暴露出新问题，必然会使工程项目受到影响，导致工程项目成本和工期的变化，这就是索赔形成的根源。因此，索赔的发生不仅是一个索赔意识或合同观念的问题，从本质上讲，索赔也是一种客观存在。

2. 施工索赔的处理原则

（1）索赔必须以合同为依据　遭遇索赔事件时，监理工程师应以完全独立的身份，站在客观公正的立场上，以合同为依据审查索赔要求的合理性、索赔价款的正确性。另外，承包商也只有以合同为依据提出索赔时，才容易索赔成功。

（2）及时、合理处理索赔　如承包方的合理索赔要求长时间得不到解决，积累下来可能会影响其资金周转，从而影响工程进度。此外，索赔初期可能只是普通的信件来往的单项索赔，若拖到后期进行综合索赔，将使索赔问题复杂化（如涉及利息、预期利润补偿、工程结算及责任划分、质量的处理等），大大增加索赔的处理难度。

（3）必须注意资料的积累　积累一切可能涉及索赔论证的资料，技术问题、进度问题和其他重大问题的会议应做好会议记录，并争取会议参加者签字，作为正式文档资料。同时应建立严密的工程日志，建立业务往来文件编号档案等制度，做到处理索赔时以事实和数据为依据。

（4）加强索赔的前瞻性　为了有效避免过多的索赔事件的发生，监理工程师应对可能引起的索赔有所预测，及时采取补救措施。

7.2　索赔工作程序与技巧

7.2.1　施工索赔工作程序及处理

1. 施工索赔的一般工作程序

施工索赔的一般工作过程即为施工索赔的处理过程，有以下几个步骤：

1）索赔要求的提出。

2）索赔证据的准备。

3）索赔报告的编写。

4）索赔报告的报送。

5）索赔报告的评审。

6）索赔谈判与调节。

7）索赔仲裁与诉讼。

2. 承包人的索赔程序及处理

（1）承包人的索赔程序　根据合同约定，承包人认为有权得到追加付款和（或）延长工期的，应按以下程序向发包人提出索赔：

① 发出索赔意向通知书。承包人应在知道或应当知道索赔事件发生后28天内，向监理人递交索赔意向通知书，并说明发生索赔事件的事由；承包人未在前述28天内发出索赔意向通知书的，丧失要求追加付款和（或）延长工期的权利。

② 递交索赔报告。承包人应在发出索赔意向通知书后28天内，向监理人正式递交索赔报告；索赔报告应详细说明索赔理由以及要求追加的付款金额和（或）延长的工期，并附上必要的记录和证明材料。

③ 递交延续索赔通知。索赔事件具有持续影响的，承包人应按合理时间间隔继续递交延续索赔通知，说明持续影响的实际情况和记录，列出累计的追加付款金和（或）工期延长天数。

④ 递交最终索赔报告。在索赔事件影响结束后28天内，承包人应向监理人递交最终索赔报告，说明最终要求索赔的追加付款金额和（或）延长的工期，并附上必要的记录和证明材料。

(2) 对承包人索赔的处理

① 审查并报送发包人。监理人应在收到索赔报告后14天内完成审查并报送发包人。监理人对索赔报告存在异议的，有权要求承包人提交全部原始记录副本。

② 签认的索赔处理结果。发包人应在监理人收到索赔报告或有关索赔的进一步证明材料后的28天内，由监理人向承包人出具经发包人签认的索赔处理结果。发包人逾期答复的，则视为认可承包人的索赔要求。

③ 支付索赔款项。承包人接受索赔处理结果的，索赔款项在当期进度款中进行支付；承包人不接受索赔处理结果的，按照争议解决约定进行处理。

3. 发包人的索赔程序及处理

(1) 发包人的索赔程序　相对于承包人索赔成因的复杂性，发包人的索赔原因相对较为简单，一般均为可归责于承包人的事件。其索赔程序如下：

① 发出通知。根据合同约定，发包人认为有权得到赔付金额和（或）延长缺陷责的，监理人应向承包人发出通知并附有详细的证明。

② 提出索赔意向通知书。发包人应在知道索赔事件发生后28天内通过监理工程师向承包人提出索赔意向通知书。发包人未在前述28天内发出索赔意向通知书的，丧失要求赔付金额和（或）延长缺陷责任期的权利。

③ 递交索赔报告。发包人应在发出索赔意向通知书后28天内，通过监理人向承包人正式递交索赔报告。

(2) 对发包人索赔的处理

① 承包人收到发包人提交的索路报告后，应及时审查索赔报告的内容、查验发包人的证明材料。

② 承包人应在收到索赔报告或有关索赔的进一步证明材料后28天内，将索赔处理结果答复发包人。如果承包人未在上述期限内做出答复，则视为对发包人的索赔要求的认可。

③ 承包人接受索赔处理结果的，发包人可从当期给承包人的合同价款中扣除已付的金额或延长缺陷责任期；发包人不接受索赔处理结果的，按第20条争议解决约定处理。

7.2.2　施工索赔证据及报告

1. 施工索赔的证据及基本要求

(1) 索赔证据　索赔证据是当事人用来支持其索赔成立或与索赔有关的证明文件和资料。索赔证据作为索赔文件的组成部分，在很大程度上关系到索赔成功与否。如果证据不全、不足或没有证据，索赔是很难获得成功的。常见的索赔证据有：

① 各种合同文件。

② 工程各种往来函件、通知、答复等。

③ 各种会谈纪要。

④ 经过发包人或者工程师批准的承包人的施工进度计划、施工方案、施工组织设计和现场实施情况记录。

⑤ 工程各项会议纪要。

⑥ 施工现场记录。

⑦ 工程有关照片和录像等。

⑧ 施工日记、备忘录等。

⑨ 工程结算资料、财务报告、财务凭证等。

⑩ 国家法律、法令、政策文件。

（2）索赔证据的基本要求

① 真实性。索赔证据必须是在实际工作中产生的，能完全反映实际情况，且要经得起推敲。

② 及时性。索赔事项发生后，就应在有效期内及时收集证据并提出索赔意向，逾期将丧失索赔权。

③ 全面性。所提供的证据应能说明事件的全过程，否则可能会被要求重新补充证据。

④ 关联性。索赔证据应当与索赔事件有必然联系，并能互相说明、符合逻辑，不能互相矛盾。

⑤ 有效性。索赔证据必须有法律证明效力。特别是在双方意见有分歧、争执不下时，更要注意这一点。

2. 索赔报告的组成及其编制

（1）索赔报告的组成　索赔报告是承包人向发包人索赔的正式书面材料，也是发包人审议承包人索赔请求的主要依据。索赔报告通常包括总述部分、论证部分、索赔款项或工期计算部分、证据部分四部分内容。

（2）索赔报告的编制

① 总述部分。它是承包人致发包人或工程师的一封简短的提纲性信函，概要论述索赔事件发生的日期和过程承包人为该索赔事件所付出的努力和附加贡献、承包人的具体要求。应通过总述部分把其他材料贯通起来，其主要内容包括以下几项：说明索赔事件、列举索赔理由、提出索赔金额与工期、附件说明。

② 论证部分。它是索赔报告的关键部分，其目的是说明自己有索赔权，以及索赔能否成立。要注意引用的每个证据的效力或可信程度，对重要的证据资料必须附以文字说明或确认。

③ 索赔款项或工期计算部分。该部分需列举各项索赔的明细数字及汇总数据，要求正确计算索赔款项与索赔工期。

④ 证据部分。主要包括两个方面，一是索赔报告中所列举事实、理由、影响因果关系等证明文件和证据资料；二是详细计算书，这是为了证实索赔金额的真实性而设置的，可以大量运用图表。

（3）索赔文件编制应注意的问题　整个索赔文件应该概括索赔事实与理由，通过叙述客观事实、合理引用合同规定，建立事实与损失之间的因果关系，证明索赔的合理合法性；同时应特别注意索赔材料的表述方式对索赔解决的影响。一般要注意以下几个方面：

① 索赔事件要真实、证据确凿。索赔针对的事件必须有确凿的证据，令对方无可推卸和辩驳。

② 计算索赔款项和工期要合理、准确。要将计算的依据、方法、结果详细列出，这样易于对方接受，避免发生争端。

③ 责任分析清楚。一般索赔所针对的事件都是由于非承包人责任而引起的，因此在索

赔报告中必须明确对方负全部责任，而不可以使用含糊不清的词语。

④ 明确承包人为避免和减轻事件的影响和损失所做的努力。在索赔报告中，要强调事件的不可预见性和突发性，说明承包人对它的发生没有任何的准备，也无法预防，并且承包人为了避免和减轻该事件的影响和损失已经尽了最大的努力，采取了能够采取的措施，从而使索赔理由更加充分，更易于对方接受。

⑤ 阐述干扰事件对承包人的工程施工的严重影响，费用因而上升，而且工期延长了，表明干扰事件与索赔有直接的因果关系。

⑥ 索赔文件用语应尽量婉转，避免使用强硬的语言，否则会给索赔带来不利影响。

7.2.3 施工索赔的策略和技巧

1. 施工索赔的策略

承包商面对索赔问题是痛苦的：不索赔造成公司利益损失，索赔则可能引起发包人和总监的不满，影响企业声誉。索赔能争取到合同金额外的款项和工期顺延，但为了尽量避免发包人反感，应掌握一定的策略。

（1）全面履行合同　承包商应以积极合作的态度，主动配合发包人完成合同规定的各项义务，搞好各项管理工作，协调好各方面的关系。

（2）着眼重大索赔　承包商在施工承包中不能斤斤计较，尤其是在工程施工地初期，不能让对方感到很难友好相处，这样不容易合作共事。

（3）注意灵活性　在索赔事件处理中，承包商要有灵活性，要讲究索赔策略，要有充分准备，要能让步，力求索赔问题的解决结果使双方都满意。

（4）变不利为有利，变被动为主动　在工程施工过程中，承包商往往处于不利的被动地位。通过寻找索赔机会，可以变不利为有利，变被动为主动。

（5）树立正确的索赔观念　索赔是工程施工中的正常现象，是承包人的重要权利，必须高度重视。

2. 施工索赔的技巧

掌握索赔的技巧对索赔的成功十分重要。同样性质和内容的索赔，如果方法不当、技巧不高，就容易给索赔工作增加新的困难，甚至导致事倍功半的结果。反之，如果方法得当、技巧高，一些看似很难索赔的项目，也能获得比较满意的结果。因此，要做好索赔工作，除了要做到有理、有据、按时外，掌握一些索赔的技巧也是很重要的。

（1）把握好提出索赔的时机　过早提出索赔，对方有充足的时间寻找理由反驳；过迟提出索赔，容易给对方留下借口和理由，遭到拒绝。因此，承包商应在索赔时效范围内适时提出索赔。

（2）商签好合同协议　在签订合过程中，承包人应对明显把重大风险转嫁给承包人的合同条件提出修改的要求，对其达成修改的协议应以“谈判纪要”的形式写出，作为该合同文件的有效组成部分。对以下发包人免责的条款应特别注意：合同条款中不列索赔条款；拖期付款无时限、无利息；无调价公式；发包人对某部分工程不够满意的，即有权决定扣减工程款；发包人对不可预见的工程施工条件不承担责任等。如果这些问题在签订合同时不谈判清楚，承包人将来就很难有索赔机会。

（3）对口头变更指令要得到确认　如果监理工程师口头指令变更，承包人应要求监理工程师予以书面确认。否则，如果承包人执行了指令，监理工程师却不承认，拒绝承包人的索赔要求，承包人没有证据，就达不到索赔的目的。

（4）索赔事件的论证要充足　索赔的成功在很大程度上取决于承包人对索赔做出的解释和强有力的证据材料。因此承包人在正式提出索赔之前，必须保证索赔证据详细完整，这就要求承包人注意记录、积累和保存以下资料：施工日志、来往文件、气象资料、备忘录、会议纪要、工程照片、工程音像资料、工程进度计划工程核算资料、工程图纸和招投标文件等。

（5）及时发出索赔意向通知书　一般合同规定，索赔事件发生后的一定时间内，承包人必须发出索赔意向通知书，过期无效。

（6）力争单项索赔，避免总索赔　单项索赔事件简单，容易解决，而且还能得到及时赔付。总索赔问题复杂、金额大，不易解决，往往到工程结束后还得不到索赔款

（7）坚持采用“清理账目法”　采用“清理账目法”是指承包人在接受发包人按某项索赔的当月结算索赔款时，对该项索赔款的余款部分以“清理账目法”的形式保留文字依据，以保留自己今后获得索赔款余额部分的权利。在索赔支付过程中，承包人和监理工程师对确定新单价和工程量方面经常存在不同意见。按合同规定，工程师有权确定分项工程单价，如果承包人认为工程师的决定不尽合理而坚持自己的要求时，可同意接受工程师决定的“临时单价”或“临时价格”付款，先拿到一部分索赔款；对其余不足的部分，则书面通知工程师和发包人，作为索赔款的余额，保留自己的索赔权利，否则等于同意并承认了发包人对索赔的付款，以后对余额再无权追索，失去了将来要求赔付余款的权利。

（8）力争友好解决，防止对立情绪　在索赔时，争议是难免的，如果遇到争端不能理智协商讨论问题，有可能导致发包人拒绝谈判，这是最不利于索赔问题解决的。因此在索赔谈判时，承包人要头脑冷静，营造和谐的谈判气氛，防止对立情绪，力争友好解决索赔争议。

（9）注意同监理工程师保持良好关系　监理工程师是处理索赔解决争议的公正的第三方，索赔必须取得监理工程师的认可，注意同监理工程师保持良好关系，争取监理工程师的公正裁决，尽量避免仲裁或诉讼。

3. 注意防范的几个问题

（1）投标报价时的疏忽　承包商应仔细研究招标文件，详细进行施工现场查勘，慎重确定报价。为了中标而冒险地降低报价，即在投标报价时就埋下了亏损的种子，限制了施工索赔成功的可能性。

（2）商签合同时的疏忽　合同谈判过程中对原合同条件的任何改动，都应以“谈判纪要”的形式写出来，作为该项目合同文件的有效组成部分，否则将错过索赔的时机。

（3）对口头的工程变更指令不予以确认　有的工程师常向承包商发生口头的工程变更指令，此时，承包商应要求工程师补发书面指令或正式备函给工程师，要求予以正式确认，否则会有得不到应有的经济补偿的风险。

（4）没有在规定的时限内发出索赔通知书　承包商应根据具体工程项目合同文件的规定执行，不可忽略时限天数。

（5）索赔报告对事实论证不足　根据工程施工合同条件，承包商发出索赔通知书后，每隔28天应报送一次索赔资料，并在索赔事件结束后的28天内报送总结性的报告。在该报

告中，应附有索赔款计算书和必要的索赔证据资料。证据资料应集中论证该项索赔的发生过程、严重程度及造成的具体损失款额。这些证据是否充分有力，对索赔的成败关系重大。

（6）没有及时申请并获准延长工期　在土建工程施工过程中，由于多方画的原因，工期常被拖延。这时，承包商应及时研究工期拖延的原因，并把不属于自己责任的拖延向工程师正式提出，要求获得工期延长。

（7）计价方法不当，索赔额高　索赔款的计价方法经常采取的有实际成本法、总费用法、修正的总费用法等。在这些计价方法中，反映附加成本的实际费用法比较适用，容易被业主和工程师所接受。另一个较常发生的问题是，承包商的索赠款额过高，且论证资料不足，使工程师和业主反感。这样做不仅会导致索赔失败，也伤害了承包商自己的信誉。

（8）采取了“算总账”的索赔方法　施工索赔的正确做法，是把索赔纳入按月结算的轨道，要求工程师和业主按月结算并支付工程款和索款。这样可使索赔逐月解决，以免累积成为巨额。

（9）在业主拒付索赔款的条件下继续施工并建成　按照工程施工合同条款的做法，当业主长期不支付工程款或索赔款时，承包商有权暂停施工或放慢施工进度。按工程进展支付工程款、按合同原则支付索赔款、按工程施工合同条款办事的基本原则，合同双方都应遵循。

在工程施工中，合同双方应密切配合，公正合理地解决合同实施过程中出现的任何问题，保证工程项目顺利建成。在处理施工索赔问题时，双方也应持这个态度。但是在施工索赔的实践中，合同双方极易发生对抗，甚至形成严重的合同争端。承包商在提出索赔要求以及进行索赔谈判的时候，一定要注意方式和方法，不要引起矛盾的激化。

7.3　索赔的计算

7.3.1　费用索赔

1. 费用索赔分析

（1）赔偿实际损失　实际损失包括直接损失与间接损失，直接损失是在实际工程中由于干扰事件导致实际成本增加和费用超支，而间接损失则是可能获得的利润减少。

对所有干扰事件引起的实际损失以及这些损失的计算，都应有详细的证明，作为索赔报告的证据。没有证据的索赔是不能成立的。这些证据通常有：各种费用支出的账单，工资表，现场实际用工、用料、用机的证明，财务报表，工程成本核算资料等。

（2）费用索赔必须符合合同规定　费用索赔必须：

① 符合合同规定的补偿条件和范围，在索赔值的计算中必须扣除合同规定的应由承包人承担的风险和承包人自己失误所造成的损失。

② 符合合同规定的计算方法，如合同价格的调整方法和调整计算公式。

③ 以合同报价作为计算基础，除合同有专门规定以外，费用索赔必须以合同报价中的分部分项工程单价、人工费单价、机械台班费单价及费率标准作为计算基础。

（3）符合通常的会计核算原则　费用索赔中常常需要进行工程实际成本的核算，通过计划成本与实际工程成本的对比得到索赔值。实际工程成本的核算必须符合通常适用的会计核算方法和原则，例如成本项目的划分及费用的分摊方法等。

(4) 符合工程惯例的原则 费用索赔的计算必须采用符合人们习惯的、合理的计算方法，要能够使有关各方所接受。

(5) 充分准备好全部计算资料 在索赔报告中必须出具所有的计算基础资料、计算过程资料作为证明，其中包括报价分析、成本计划和实际成本、费用开支资料。在计算前必须对实际的各项开支、工程收入以及工地（现场）管理费和总部管理费等做详细的审核分析。

为了审查、计算和取证的方便，应建立该工程如下各项费用的数据库：人工费、材料费、机械费、工地管理费、总部管理费，以及保证金、保险费、保函费、利息支出等其他费用。这些数据对索赔的处理和解决，如计算索赔值、起草索赔报告、索赔谈判有极大的帮助。

2. 费用索赔的计算

(1) 总费用法 总费用法又称总成本法，采用这种方法计算索赔值方法简单，但有严格的适用条件。当费用索赔只涉及某些分部分项工程时，可采用修正总费用法。

1）索赔值计算。

$$\text{索赔额}=\text{该项工程的总费用}-\text{投标报价} \tag{7-1}$$

2）适用条件。

① 已开支的实际总费用经审核认为是合理的。

② 承包方的原始报价是比较合理的。

③ 费用的增加是由于非自身的原因造成的。

④ 由于现场记录不足等原因，难以采用更精确的计算方法。

(2) 修正总费用法 修正总费用法与总费用法的原理相同，只是把计算的范围缩小了，使索赔值的计算更容易、更准确。修正总费用法计算索赔值的方法为：

$$\text{费用索赔额}=\text{索赔事件相关单项工程的实际总费用}-\text{该单项工程的投标报价} \tag{7-2}$$

(3) 分项法 费用索赔索赔值计算的分项法，首先应确定每次索赔可以索赔的费用项目，然后按下列方法计算每个项目的索赔值，各项目的索赔值之和即本次索赔的补偿总额。

1）人工费索赔。人工费索赔包括额外增加工人和加班的索赔、人员闲置费用索赔、工资上涨索赔和劳动生产率降低导致的人工费索赔等，根据实际情况择项计算。

① 额外增加工人和加班

$$\text{索赔额}=\text{增加的工时(日)}\times\text{人工单价} \tag{7-3}$$

② 人员闲置费用索赔

$$\text{索赔额}=\text{闲置工时(日)}\times\text{人工单价}\times 0.75\text{(折算系数)} \tag{7-4}$$

③工资上涨索赔。由于工程变更，延期期间工资水平上调而进行的索赔

$$\text{工资上涨索赔额}=\sum\text{相关工种计划工时}\times\text{相关工种工资上调幅度} \tag{7-5}$$

④ 劳动生产率降低导致的人工费索赔。根据实际情况，分别选用下列方法计算索赔值。

实际成本和预算成本比较法：

$$\text{索赔额}=\text{实际人工成本}-\text{合同中的预算人工成本} \tag{7-6}$$

适用条件：有正确合理的估价体系和详细的施工记录，预算成本和实际成本计算合理，

是非自身的原因增加了成本。

正常施工期与受影响施工期比较法：

劳动生产率降低值＝正常施工期劳动生产率－受影响施工期劳动生产率　(7-7)

劳动生产率降低索赔值＝计划工日数×劳动生产率降低值预期生产率×工日人工平均工资　(7-8)

2）材料费索赔。材料费的额外支出或损失包括消耗量增加和单位成本增加两个方面。

① 材料消耗量增加的索赔。追加额外工作、变更工程性质、改变施工方法等，都将导致材料用量增加，其索赔值的计算为：

索赔额＝Σ新增的工程量×某种材料的预算消耗定额×该种材料单价　(7-9)

② 材料单位成本增加的索赔。由于非自身原因的延期期间材料价格上涨（包括买价、手续费、运输费、保管费等），以及可调价格合同规定的调价因素发生时或需变更材料品种、规格、型号等，都将导致材料单位成本增加。索赔值计算为：

索赔额＝材料用量×(实际材料单位成本－投标材料单位成本)　(7-10)

③ 施工机械费索赔。施工机械费索赔的费用项目有增加机械台班使用数量索赔、机械闲置索赔、台班费上涨索赔和工作效率降低的索赔等。索赔时，根据额外支出或额外损失的实际情况按下列方法计算索赔值。

增加机械台班使用数量的索赔：

索赔额＝Σ增加的某种机械台班的数量×该机械的台班费　(7-11)

机械闲置：

索赔额＝Σ某种机械闲置台班数×该种机械行业标准台班费×折减系数　(7-12)

或

索赔额＝Σ某种机械闲置台班数×该种机械定额标准台班费　(7-13)

台班费上涨索赔。由于非自身原因的工期顺延期间，如果遇上机械台班费上涨或采用可调价格合同时，承包方可以提出台班费上涨索赔。计算公式为：

索赔额＝Σ相关机械计划台班数×相关机械台班费上调幅度　(7-14)

机械效率降低索赔的索赔值计算有两种方法，可根据掌握的索赔资料的情况选择其中的一种方法进行计算。

实际成本和预算成本比较法：

索赔额＝实际机械成本－合同中的预算机械成本　(7-15)

适用条件：有正确合理的估价体系和详细的施工记录，预算成本和实际成本计算合理，是非自身的原因增加了成本。

常施工期与受影响施工期比较法：

机械效率降低值＝正常施工期机械效率－受影响施工期机械效率　(7-16)

机械效率降低索赔值＝计划台班×台班单价×机械效率降低值预期机械效率　(7-17)

3）现场管理费索赔。这里的现场管理费是指施工项目成本中除人工费、材料费和施工机械使用费外的各费用项目之和，包括项目经理部额外支出或额外损失的现场经费和其他直接费。计算公式为：

现场管理费索赔额＝直接成本费用索赔额×现场管理费率　(7-18)

直接成本费用索赔额＝人工费索赔额＋材料费索赔额＋机械费索赔额　(7-19)

当事人双方通过协商选用下列方法之一确定现场管理费率。

① 合同百分比法：按签订合同时约定的现场管理费率计算。

② 行业平均水平法：执行公认的行业标准费率，例如工程造价管理部门制定并颁发的取费标准。

③ 原始估价法：按投标报价时确定的费率计算。

④ 历史数据法：采用历史上类似工程的费率。

4）企业管理费索赔。企业管理费索赔包括企业管理费、财务费用和其他费用的索赔，也可将利润损失计算在内。索赔值的计算方法主要有企业管理费率计算法和国际上通用的埃尺利公式计算法两种。

① 企业管理费率计算法

$$企业管理费索赔额 = 施工项目成本费用索赔额 \times 企业管理费率 \tag{7-20}$$

式中，企业管理费率可采用确定现场管理费率的四种方法之一确定。

② 延期索赔的埃尺利公式

$$延期合同应分摊的管理费(A) = 被延期合同原价同期公司所有合同价之和 \times 同期公司计划企业管理费 \tag{7-21}$$

$$单位时间(周或日)应分摊的管理费(B) = A/计划合同期(周或日) \tag{7-22}$$

$$企业管理费索赔额(C) = B \times 延期时间(周或日) \tag{7-23}$$

说明：由于延期，使承包方的合同直接成本和合同总值减少而损失的管理费应予以补偿。

③ 工作范围变更索赔的埃尺利公式

$$索赔合同应分摊的管理费(A1) = 被索赔合同原计划直接费同期所有合同实际直接费 \times 同期公司计划企业管理费 \tag{7-24}$$

$$每元直接费用应分摊的管理费(B1) = A1/被索赔合同原计划直接费 \tag{7-25}$$

$$工作变更企业管理费索赔额(C1) = B1 \times 工作范围变更索赔的直接费 \tag{7-26}$$

应用埃尺利公式的条件：承包方应证明，索赔事件的出现确实造成了管理费增加；或在工程停工期间，确实无其他工程可干。对于停工时间短或是索赔额中已包含了管理费的索赔，埃尺利公式不适用。

7.3.2　工期的索赔

1. 工期索赔分析

(1) 工期索赔成立的条件

① 发生了非自身原因的索赔事件。

② 索赔事件造成了总工期的延误。

(2) 工期索赔分析的依据　工期索赔分析的主要依据有：

① 合同规定的进度计划。

② 合同双方共同认可的进度计划。

③ 合同双方共同认可的对工期有影响的文件。

④ 业主、工程师和承包人共同商定的月进度计划。

⑤ 受干扰后的实际工程进度。

在干扰事件发生时，双方都应分析对比上述资料，以发现工期拖延的原因，提出有说服力的索赔要求。

2. 工期索赔分析的思路

干扰事件对工期的影响，即工期索赔值可通过原施工网计划与可能状态的网络计划对比得到，而分析的重点是两种状态的关键线路。

3. 工期索赔分析的步骤

工期索赔分析的步骤包括：

① 确定干扰事件对工程活动的影响，即由于干扰事件发生，造成工程活动的持续时间或逻辑关系等产生变化。

② 由于工程活动持续时间的变化，对总工期产生影响。这可以通过网络分析得到，总工期所受到的影响即为干扰事件的工期索赔值。

4. 工期索赔计算

（1）网络分析方法　网络分析方法通过分析干扰事件发生前后网络计划，对比两种工期计算结果来计算索赔值。它是一种科学、合理的分析方法，适用于各种干扰事件的索赔。

网络分析即关键线路分析法。关键线路上关键活动（工作）持续时间的延长，必然会造成总工期的延长，则可以提出工期索赔；而非关键线路上的工程活动，如果是在其总时差范围内的延长，则不能提出工期索赔。具体计算方法如下：

① 由于非自身原因的事件造成关键线路上的工序暂停施工：

工期索赔天数 = 关键线路上的工序暂停施工的日历天数

② 由于非自身原因的事件造成非关键线路上的工序暂停施工：

工期索赔天数 = 工序暂停施工的日历天数 − 该工序的总时差天数

（2）比例计算法　网络分析方法应有计算机的网络分析和程序，否则分析起来极为困难。因为稍微复杂些的工程，其网络事件就可能有几百个甚至几千个，人工分析和计算将费时费力。

在实际工程中，干扰事件常常仅影响某些单项工程、单位工程，或分部分项工程的工期，要分析它们对总工期的影响，可以采用更为简单的比例分析方法，即以某个技术经济指标作为比较基础，计算工期索赔值。具体的计算方法有两种，按引起延误的事件选用。

① 对于已知部分工程的延期的时间：以合同价所占比例计算，计算方法为：

总工期索赔 = 受干扰部分的工程合同价合同总价 × 该部分受到干扰工期拖延量　（7-27）

② 对于已知额外增加工程量的价格：以合同价所占比例计算，计算方法为：

总工期索赔 = 附加工程或新增价格原合同总价 × 原合同总工期　（7-28）

比例计算法在实际工程中用得较多，但是严格地说，比例计算法是近似计算的方法，对有些情况不适用，例如业主变更工程施工次序，业主指令采取加速措施，业主指令删减工程量或部分工程等。如果仍用这种方法，就会得到误差较大的结果。这在实际工作中应多加注意。

7.4　索赔案例分析

【案例7-1】

某建设单位有一宾馆大楼的装饰装修和设备安装工程，经公开招标投标确定了由某建筑装饰装修工程公司和设备安装公司承包工程施工，并签订了施工承包合同。合同价为1600万元，工期为130天。合同规定：业主与承包方“每提前或延误工期一天，按合同价的万分之二进行奖罚”“石材及主要设备由业主提供，其他材料由承包方采购”。施工方与石材厂商签订了石材购销合同，业主经与设计方商定，对主要装饰石材指定了材质、颜色和样品。施工进行到22天时，由于设计变更，造成工程停工9天，施工方8天内提出了索赔意向通知。

施工进行到36天时，因业主方挑选确定石材，使部分工程停工累计达16天，施工方10天内提出了索赔意向通知。施工进行到73天时，该地遭受罕见暴风雨袭击，施工无法进行，延误工期2天，施工方5天内提出了索赔意向通知；施工进行到137天时，施工方因人员调配原因，延误工期3天。最后，工程在152天后竣工。工程结算时，施工方向业主方提出了索赔报告并附上索赔相关的材料和证据，各项索赔要求如下：

1. 工期索赔

1）因设计变更造成工程停工的，索赔工期9天。

2）因业主方挑选确定石材造成工程停工的，索赔工期16天。

3）因遭受罕见暴风雨袭击造成工程停工的，索赔工期2天。

4）因施工方人员调配造成工程停工的，索赔工期3天。

2. 费用索赔

$$30天\times1600万元\times0.02\%=9.6万元$$

3. 工期奖励

$$8天\times1600万元\times0.02\%=2.56万元$$

【案例解析】

1. 能够成立的工期索赔

1）因设计变更造成工程停工的索赔。

2）因业主方挑选确定石材造成工程停工的索赔。

3）因遭受罕见暴风雨袭击造成工程停工的索赔。

以上事件均由业主按合同补偿，承担相应损失，工期顺延，施工方获得的工期补偿为27天。

2. 费用索赔

按照双方合同约定：业主与承包方“每提前或延误工期一天，按合同价的万分之二进行奖罚”。因此，业主在顺延工期的同时，应给予施工方的费用补偿为

$$27\text{天}\times 1600\text{万元}\times 0.02\% = 8.64\text{万元}$$

3. 工期奖励

$$[(130+27)-152]1600\text{万元}\times 0.02\% = 1.6\text{万元}$$

复习思考与练习

一、简答题

1. 简述施工索赔的概念、发生施工索赔的原因。
2. 简述施工索赔的分类。
3. 简述施工索赔的处理程序。
4. 工期索赔的必要条件是什么？如何计算？
5. 简述费用索赔的几种计算方法。

二、项目实训

为了实施某项目的建设，业主与施工单位按《建设工程施工合同（示范文本）》签订了建设工程施工合同，该项目未投保工程一切险。在施工过程中遭受特大暴风雨袭击，造成相应损失。施工单位及时向工程师提出补偿要求，并附有相关的详细资料和证据。施工单位认为遭受暴风雨袭击为非施工单位原因（属于不可抗力）造成的损失，故应由业主承担赔偿责任。

主要补偿要求包括：

1）给已建部分工程造成破坏损失 18 万元，应有业主承担修复的经济责任，施工单位不承担修复的经济责任。

2）施工单位人员因此灾害数人受伤，处理伤病医疗费用和补偿金总计 3 万元，业主应予以赔偿。

3）施工单位进场的正在使用的机械设备受到损坏，造成损失 8 万元，由于现场停工造成台班费损失 4.2 万元，业主应负担赔偿和修复的经济责任。

4）工人窝工费 3.8 万元，业主应予以支付。

5）因暴风雨造成现场停工 8 天，要求合同工期顺延 8 天。

6）由于工程遭损坏，清理现场费用 2.4 万元，业主应予以支付。

问题：

1. 监理工程师接到承包方提交的索赔申请后，应进行哪些工作？
2. 对承包方提出的要求如何处理？

第 8 章

FIDIC 施工合同条件

8.1 FIDIC 合同条件简介

8.1.1 FIDIC 简介

FIDIC 是“国际咨询工程师联合会”的法文缩写。自 1913 年欧洲三个国家的咨询工程师协会组成 FIDIC 至今，其成员已包括全球 70 多个国家和地区，因此可以说 FIDIC 是全球最具权威性的咨询工程师组织，推动了全世界范围内高质量的工程咨询业务的发展。我国 1996 年正式加入了该组织。

为适应国际工程建筑市场的发展，FIDIC 于 1999 年出版了 4 份新的合同标准格式，旨在逐步取代以前的合同条件。

1. 施工合同条件（Conditions of Contract for Construction）

施工合同条件又称新红皮书，适用于各类大型或较复杂的工程项目或施工总承包项目。业主委派工程师管理合同，检查工程进质量，签发支付证书和其他证书，以及监督由雇主设计的或由其代表工程师设计的房屋建筑或工程施工。在这种合同形式下，承包商一般都按照雇主提供的设计施工，但工程中的某些土木、机械、电力、建造工程也可能由承包商设计。

2. 永久设备和设计建造合同条件（Conditions of Contract for Plant and Design Build）

永久设备和设计建造合同条件又称新黄皮书，适用于电力和机械设备的提供，以及房屋建筑或工程的设计和施工。工程师除管理合同，检查工程进质量，签发支付证书及其他证书之外，还负责管理设计人员的资质、设计图纸、资料及设计分包的审查。在这种合同形式下，一般都是由承包商按照雇主的要求设计和提供设备或其他工程（可能包括土木、机械、电力或建造工程的任何组合形式）。

3. EPC/交钥匙工程合同条件（Conditions of Contract for EPC/Turnkey Projects）

EPC/交钥匙工程合同条件又称银皮书，适用于在交钥匙的基础上进行的工厂或其他类似设施的加工或能源设备的提供，或基础设施项目和其他类型的开发项目的实施，这种合同条件所适用的项目包括对最终价格和施工时间的确定性要求较高；承包商完全负责项目的设计和施工，业主基本不参与工作。

在交钥匙项目中，一般情况下由承包商实施所有的设计、采购和建造工作，即在“交钥匙”时，提供一个配备完整、可以运行的设施。采用总价合同，不可调价。

4. 简明合同格式（Short Form of Contract）

简明合同格式又称绿皮书，该合同条件被推荐用于价值相对较低的房屋建筑或土木工程。根据工程的类型和具体条件的不同，也适用于价值较高的工程，特别是较简单的、重复性高的、工期短的工程。在这种合同形式下，一般都是由承包商按照雇主或其代表工程师提供的设计实施工程，但对于部分或完全由承包商设计的土术、机械、电力/建造工程的合同也同样适用。

8.1.2 FIDIC 合同条件的发展过程

由于国际工程建设的飞速发展，工程建设的规模逐渐扩大、风险逐渐增加，对当事人的权利义务应有更明确详细的约定，这给当事人签订合同时再做约定带来了困难。客观上，国际工程界需要一种标准合同文本，要求是能在工程项目建设中普遍使用或稍加修改即可使用。而标准合同文本在工程的费用、进度、质量、当事人的权利和义务方面都有明确而详细的规定。FIDIC 合同条件正是顺应这一要求而产生的。

1957 年，FIDIC 与欧洲建筑工程联合会（FIEC）一起在英国土木工程师协会（ICE）编写的《标准合同条件》基础上，制定了 FIDIC 合同条件第一版。第一版主要沿用英国的传统做法和法律体系，包括一般条件和特殊条件两部分。1969 年修订的 FIDIC 合同条件第二版没有修改第一版的内容，只是增加了适用于疏浚工程的特殊条件。1977 年修订的 FIDIC 合同条件第三版则对第二版做了较大修改，同时还出版了《土木工程合同文件注释》。FIDIC 的土木工程合同委员会（CECC）于 1983 年向执行委员会提交了一份报告，陈述了第三版应进行修改的理由，主要是第三版合同条件中的概念和语言过于英国化，不适用于国际建筑市场的发展需要。1987 年，FIDIC 合同条件第四版出版，此后又于 1988 年出版了第四版修订版。第四版出版后，为指导其应用，FIDIC 又于 1989 年出版了一本更加详细的《土木工程施工合同条件应用指南》。1999 年，FIDIC 又出版了新的《施工合同条件》。

8.1.3 FIDIC 编制的各类合同条件的特点

FIDIC 编制的合同条件具有以下特点：

1. 国际性、通用性、权威性

FIDIC 编制的合同条件（以下简称“FIDIC 合同条件”）是在总结国际工各方面的经验教训的基础上制定的，并且不断吸取多个国际或区域专业机构意见加以修改和完善。可以说，FIDIC 合同条件是国际上公认的高水平的、通用性的合同条件。这些文件适用于国际工程，常常被如世界银行、亚洲开发银行、非洲开发银行等国际金融组织的招标范本所采用，同时也被许多国家采用，如我国近几年颁布的施工合同示范文本（包括《标准施工招标文件》2007 版）等，都是以 FIDIC 编制的合同条件为蓝本而演化、改进的范本。

2. 公正合理、职责分明

合同条件的各项规定具体体现了业主、承包商的义务、职责和权利，以及工程师的职责权限，体现了在业主和承包商之间合理分担风险的精神，并且倡导合同各方以一种坦诚合作的态度去完成工程。合同条件中对有关各方的职责既有明确而严格的规定和要求，又有必要的限制，这都对合同的实施非常重要。

3. 程序严谨，易于操作

合同条件特别强调要及时、按程序处理和解决问题。以避免因任何一方的拖延而产生新问题，另外还特别强调各种书面文件及证据的重要性。这些规定使条款中的内容易于操作和实施。

4. 通用条件和专用条件的有机结合

FIDIC 合同条件一般都分为两个部分：第一部分是“通用条件”（General Conditions），第二部分是“专用条件”（Particular Conditions）。通用条件和专用条件共同构成了制约合同各方权利和义务的条件。对于每一份具体的合同，都必须编制专用条件，并且必须考虑到通用条件中提到的专用条件中的条款。

8.2 FIDIC 施工合同条件

8.2.1 施工合同中部分重要词语的定义

1. 合同与合同文件

合同指合同协议书、中标函、投标函、合同条件（合同条件包括通用条件和专用条件）、规范、图纸、资料表以及合同协议书或中标函中列出的其他文件。这里所说的合同实际上是全部合同文件的总称。构成合同的各个文件应被视为是互为说明的。为达到解释的目的，各文件的优先次序如下：

（1）合同协议书　协议书是专门用来使合同文件正规化的书面文件。根据法律规定，协议书不是形成合同文件所必需的。但是在签订大型工程项目的施工合同时，签订协议书是一种惯例。协议书实际上是合同文件的浓缩，它列出了合同各组成部分的名称，并且简略叙述了合同的重要内容，如工程内容、完工时间、误期赔偿及付款办法等：同时，也可以包括某些类似于合同条款补充和扩展的条文。

除非双方另有协议，否则双方应在承包商收到中标函后的 28 天内签订合同协议书。合同协议书应以专用条件后所附的格式为基础。

（2）中标函（中标通知书）　业主在投标书有效期结束前，以电报通知中标者，此电报随后以挂号信形式进行书面确认。中标通知书应在正文或附录中列出以下内容：

① 完整的合同文件清单，包括已被接受的投标书，双方对投标书修改的确认。这些修改包括纠正计算错误、修改或删除某些保留条件。

② 合同价。

③ 涉及履约保证的递交，以及正式协议书的签字、盖章生效等问题。

FIDIC 合同文件并没有统一规定中标通知书的格式。有时，在中标通知书之前，业主会先写一封意向书，表明接受中标者投标书的意愿，但又附加限制条件。意向书一般对业主无约束力，除非其中说明对于承包商在中标通知书之前完成的业主指定的工作，业主一定给予合理的报酬。

（3）投标函　由承包商填写并签字的投标函及其附录，包括对业主的工程报价、确认招标文件和合同条款的文件。

（4）专用条件

（5）通用条件

（6）规范　指合同中名称为规范的文件，及根据合同规定对规范的增加和修改。在合同中对招标项目从技术方面进行描述，提出项目在实施中应满足的技术标准、程度等，与我国国内施工的技术规范、规程等含意一致。它是各方（雇主、承包商、工程师）解决项目相关的技术问题的依据。

（7）图纸、填写了价钱的工程量清单

（8）资料表以及其他构成合同一部分的文件　资料表由承包商填写并随投标函提交，其他文件还包括工程量表、数据、列表以及费率和/或单价表。

2. 合同履行中涉及的时间概念

（1）基准日期　合同中定义的基准日期是指投标截止日期前第 28 天。这一日期为业主与承包商承担风险的界线，即在基准日期之后发生的一切风险，作为一个有经验的承包商在投标时若不能合理预见，则由业主承担，如物价的变化、当地政策的变化等。在此日期之前，无论是发生何种涉及投标报价的风险，均由承包商承担。

（2）开工日期　按合同规定，开工日期若在合同中没有明确规定具体的时间，则开工日期应在承包商收到中标函后的 42 天内；由工程师在这个日期前 7 天通知承包商，承包商在开工日后应尽快施工。

此日期是计算工期的起点，同时由于业主的原因使工程师不能发布开工日期，若给承包商造成损失，则承包商可以向业主索赔。

（3）合同工期　合同工期是所签合同内注明的完成全部工程或分步移交工程的时间，加上合同履行过程中非承包商责任导致变更和索赔事件发生后，工程师批准的顺延工期之和。合同内约定的工期是指承包商在投标书附录中承诺的竣工时间。合同工期的日历天数作为衡量承包商是否按合同约定期限履行施工义务的标准。

（4）施工期　施工期指从工程师按合同约定发布的“开工令”中指明的应开工之日起，至工程接收证书注明的竣工日止的日历天数。用施工期与合同工期比较，判定承包商的施工是提前竣工了，还是延误竣工了。

（5）缺陷通知期　缺陷通知期一般也叫维修期，是指自工程接收证书中写明的竣工日开始，至工程师颁发履约证书为止的日历天数。设置缺陷通知期的目的是为了检验工程在动态运行条件下是否达到了合同技术规范的要求。因此，在这段时期内，承包商除应继续完成在接收证书上写明的扫尾工作外，还应对工程由于施工原因所产生的各种缺陷负责维修，维修费用由缺陷责任方承担。合同工程的缺陷通知期及分阶段移交工程的缺陷通知期，应在专用条件内具体约定。次要部位工程通常为半年，主要工程及设备大多为一年，个别重要设备也可以约定为 1.5 年。

（6）合同有效期　合同有效期包括了施工期、缺陷通知期等。自合同签字日起至承包商提交给业主的“结清单”生效日止，施工承包合同对业主和承包商均具有法律约束力。颁发履约证书只是表示承包商的施工义务终止，但合同约定的权利和义务并未完全结束，还留有管理和结算等手续。结清单生效指业主已按工程师签发的最终支付证书中的金额付款，并退还承包商的履约保函。结清单一经生效，承包商在合同内享有的索赔权利也自行终止。

3. 合同价格

合同价格指按照合同各条款的约定，承包商完成建造和保修任务后，对所有合格工程有权获得的全部工程款。中标通知书中写明的合同价格仅指业主接受承包商投标书为完成全部招标范围内工程报价的金额。工程师根据现场情况发布非承包商应负责原因的变更指令后，如果导致承包商施工中发生额外费用所应给予的补偿，以及批准承包商索赔给予补偿的费用，都应增加到合同价格上去，所以签约时原定的合同价格在实施过程中会有所变化。最终结算的合同价格可能与中标通知书中注明的所接受的合同款额不一定相等。

4. 指定分包商

指定分包商是指由业主和工程师挑选或指定的，进行与工程实施、货物采购等工作有关的特定工作内容的分包商，可以在招标文件中指定，也可在工程开工后指定。指定分包商仍与承包商签订分包合同，由承包商负责对他们的管理和协调工作。指定分包商的支付是通过承包商，但从暂列金额中支付。由于暂列金额是用于招标文件规定承包商必须完成的承包工作之外的费用，因此承包商报价时不将承包范围内发生的间接费用、利润、税金等摊入其中，所以未获得暂列金额内的支付并不损害其利益。

指定分包商除了对承包商承担他分包的有关项目的全部义务和责任以外，还应保护承包商免受由于他的行为、违约或疏忽造成的损失和索赔责任。

由于指定分包商是业主选择的，并且工程款支付是从暂列金额中开支，因此合同条款内列有保护指定分包商的条款。如承包商无正当理由扣留或拒绝向指定分包商支付应得工程款，业主有权根据工程师出具的证明直接向指定分包商支付，并从承包商应得工程款中扣除这笔支付。

由于指定分包商的特殊地位，承包商对分包商违约行为承担责任的范围也不同。除非由于承包商向指定分包商发布了错误的指示要承担责任外，对指定分包商的任何违约行为给业主或第三者造成损害而导致索赔或诉讼，承包商均不承担责任。

业主选择指定分包商的基本原则是：必须保护承包商的合法利益不受侵害。因此，当承包商有合法理由时，有权拒绝某一单位作为指定分包商。为了保证工程施工的顺利进行，业主选择指定分包商时，应首先征求承包商的意见，不能强行要求承包商接受他有理由反对的，或是拒绝与承包商签订保障承包商利益不受损害的分包合同的指定分包商。

5. 解决合同争议的方式

任何合同争议均交由仲裁或诉讼解决。为了解决工程师的决定可能处理得不公正的情况，FIDIC 通用条件中引入了“争端裁决委员会”（DBA）处理合同争议的程序。

（1）解决合同争议的程序

① 提交工程师决定。FIDIC 编制《施工合同条件》的基本出发点之一，是合同履行过程中建立以工程师为核心的项目管理模式，因此，不论是承包商的索赔还是业主的索赔，均应首先提交给工程师。任何一方要求工程师做出决定时，工程师都应与争议双方协商、沟通，并按照合同规定，考虑有关情况后再做出恰当的决定。

② 提交争端裁决委员会决定。双方起因于合同的任何争端，包括对工程师签发的证书、做出的决定、指示、意见或估价持反对意见时，都可将争议提交合同争端裁决委员会，并将副本送交对方和工程师。裁决委员会在收到提交的争议文件后 84 天内做出合理的裁决。做出裁决后的 28 天内，任何一方未提出不满意裁决的通知，此裁决即为最终的决定。

③ 双方协商。如果任何一方对裁决委员会的裁决不满意，或裁决委员会在 84 天内未能做出裁决，在此期限后的 28 天内应将争议提交仲裁。仲裁机构在收到申请后的 56 天才开始审理，在此期间要求双方尽力以友好的方式解决合同争议。

④ 仲裁（或诉讼）。如果双方仍未能通过协商解决争议，则只能由合同约定的仲裁（或诉讼）机构最终解决。但在国际工程实践中，多采用仲裁作为解决争议的最后途径。如果最后以仲裁形式来解决争端时，则在合同的专用条件中应有专门的仲裁条款。约定仲裁是解决双方争端的最终手段（途径），无论仲裁结果对自己是否有利，争端双方都必须接受。

（2）争端裁决委员会　DBA 由具有恰当资格的 1 ~3 名成员组成，具体情况按投标函附录中的规定。如果争端裁决委员会由 3 名成员组成，则合同每一方应提名一位成员，由对方批准。合同双方应与这两名成员协商，并应商定第三位成员作为主席。

但是，如果合同中包含了意向性成员的名单，则成员应从该名单中选出，除非他不能或不愿接受争端裁决委员会的任命。

合同双方与唯一的成员（“裁决人”）或三个成员中的每一个人的协议书（包括各方之间达成的此类修正），应编入附在通用条件后的争端裁决协议书的通用条件中。

（3）争端裁决程序

① 接到业主或承包商任何一方的请求后，裁决委员会确定会议的时间和地点。解决争议的地点可以在工地或其他地点进行。

② 裁决委员会成员审阅各方提交的材料。

③ 召开听证会，充分听取各方的陈述，审阅证明材料。

④ 调解合同争议并作出决定。

6. 风险责任的划分

合同履行过程中可能发生的某些风险是有经验的承包商在准备投标时无法合理预见的。就业主利益而言，不应要求承包商在其报价中计入这些不可合理预见风险的损害补偿费，以取得有竞争性的合理报价。合同履行中若发生此类风险事件，则按承包商受到的实际影响给予补偿。

（1）通用条件规定的业主应承担的风险

① 战争、敌对行动（不论宣战与否）、入侵、外敌行动。

② 工程所在国内的叛乱、恐怖活动、革命、暴动、军事政变或篡夺政权，或内战（在我国实施的工程均不采用此条款）。

③ 暴乱、骚乱或混乱，完全局限于承包商的人员，以及承包商和分包商的其他雇佣人员中间的事件除外。

④ 工程所在国的军火、爆炸性物质、离子辐射或放射性污染，由于承包商使用此类军火、爆炸性物质、辐射或放射性活动的情况除外。

⑤ 以音速或超音速飞行的飞机或其他飞行装置产生的压力波。

⑥ 雇主使用或占用永久工程的任何部分而造成的损失或损害，合同中另有规定的除外。

⑦ 业主提供的设计不当造成的损失。

⑧ 一个有经验的承包商不可预见且无法合理防范的自然力的作用。

前五种风险都是业主或承包商无法预测、防范和控制，而保险公司又不承保的事件，损害后果又很严重，因此业主应对承包商受到的实际损失（不包括利润损失）给予补偿。

（2）其他不能合理预见的风险

① 不可预见物质条件的范围。承包商施工过程中遇到不利于施工的外界自然条件、人为干扰、招标文件和图纸均未说明的外界障碍物、污染物的影响、招标文件未提供或与提供资料不一致的地表以下的地质和水文条件，但不包括气候条件。

② 外币支付部分由于汇率变化的影响。当合同内约定给承包商的全部或部分付款为某种外币，或约定整个合同期内始终以基准日承包商报价所依据的投标汇率为不变汇率，按约定百分比支付某种外币时，汇率的实际变化对支付外币的计算不产生影响。若合同内规定按支付日当天中央银行公布的汇率为标准，则支付时需随汇率的市场浮动进行换算。由于合同期内汇率的浮动变化是双方签约时无法预计的情况，因此不论采用何种方式，业主均应承担汇率实际变化对工程总造价造成影响的风险。

③ 法律、法令、政策变化对工程成本的影响。如果基准日后由于法律、法令和政策变化引起承包商实际投入成本的增加，应由业主给予补偿。若导致施工成本的减少，也由业主获得其中的好处，如施工期内国家或地方对税收的调整等。

（3）承包商应承担的风险　在施工现场，属于不包括在保险范围内的，由于承包商的施工管理等失误或违约行为导致的工程、业主人员的伤害及财产损失，承包商应承担责任。

比如承诺中标价的正确性和充分性及在中标价内承担全部义务的充分性等，是承诺的充分性条款给承包商带来的风险。承包商对自己提供的材料、设备、全部现场作业和施工方法负完全责任，属于承包商的生产设备、材料或工艺缺陷风险。此外，在正常或特殊情况下，承包商未按合同约定履行告知义务、工程延误或变更、环境保护、合同条款解释歧义等，都会给承包商带来风险。

7. 工程师颁发证书的程序

（1）颁发工程接收证书　工程接收证书在合同管理中有重要作用，一是证书中指明的竣工日期，将用于判定承包商应承担拖期违约赔偿责任，还是可获得提前竣工的奖励；二是颁发证书日，即为对已竣工工程照管责任的转移日期。

承包商可在他认为工程将完工并准备移交前的 14 天内，向工程师发出申请接收证书的通知。如果工程分为区段，则承包商应同样为每一区段申请接收证书。工程师在收到承包商的申请后 28 天内，应向承包商颁发接收证书，说明根据合同工程或区段完工的日期，但某些不会实质影响工程或区段按其预定目的使用的扫尾工作以及缺陷除外（直到或当该工程已完成且已修补缺陷时）；如果工程师不满意，则应书面驳回申请，提出理由并说明为使接收证书得以颁发，承包商尚需完成的工作。承包商应在再一次发出申请通知前完成此类工作。

若在 28 天期限内工程师既未颁发接收证书，也未驳回承包商的申请，而当工程或区段（视情况而定）基本符合合同要求时，应视为在上述期限内的最后一天已经颁发了接收证书。

工程接收证书应说明以下主要内容：

① 确认工程已基本竣工。

② 注明达到基本竣工的具体日期。

③ 详细列出按照合同规定承包商在缺陷责任期内还需完成工作的项目一览表。工程根据合同约定已竣工，已颁发或认为已颁发工程接收证书时，表明承包商对该部分工程的施工义务已经完成，而且对工程照管的责任也转移给了业主。

特殊情况下的证书颁发程序：

① 业主提前占用工程。工程师应及时颁发工程接收证书，并确认业主占用日为竣工日。提前占用或使用表明该部分工程已达到竣工要求，对工程照管责任也相应转移给业主。但承包商对该部分工程的质量缺陷仍负有责任，在缺陷通知期内出现的施工质量问题还属于承包商的责任。若是业主提前使用或照管疏忽导致的质量缺陷，则由业主负责。

② 因非承包商原因导致不能进行规定的竣工检验。有时也会出现施工已达到竣工条件，但由于不应由承包商负责的主观或客观原因而不能进行竣工检验的情况。针对此种情况，工程师应在本该进行竣工检验日签发工程移交证书，将这部分工程移交给业主照管和使用。工程虽已接收，仍应在缺陷通知期内进行补充检验。当竣工检验条件具备后，承包商应在接到

工程师指示进行竣工试验通知的14天内完成检验工作。由于非承包商原因导致缺陷通知期内进行的补检，属于承包商在投标阶段不能合理预见到的情况，该项检查试验比正常检验多支出的费用应由业主承担。

（2）颁发履约证书 为在相关缺陷通知期期满前或之后尽快使工作和承包商的文件以及每一区段符合合同要求的条件（合理的磨损除外），承包商义务主要表现在两个方面：一是在工程师指定的合理的一段时间内完成至接收证书注明的日期时尚未完成的任何工作；二是按照业主（或业主授权的他人）指示，在工程或区段的缺陷通知期期满之日或之前（视情况而定），实施补救缺陷或损害所必需的所有工作，以便进行工程的最终移交。只有在工程师向承包商颁发了履约证书，说明承包商已依据合同履行了其义务的日期之后，承包商的义务才会被认为已履行完成。

工程师应在最后一个缺陷通知期期满后28天内颁发履约证书，或在承包商已提供了全部承包商的文件并完成和检验了所有工程，包括修补了所有缺陷的日期之后尽快颁发，同时还应向业主提交一份履约证书的副本。

只有颁发履约证书才应被视为构成对工程的接收。在履约证书颁发之后，剩余的双方合同义务只限于财务和管理方面的内容，每一方仍应负责完成届时尚未履行的任何义务，合同仍然有效。业主应在证书颁发后的14天内，退还承包商的履约保证书。

如果在一定程度上工程、区段或主要永久设备（视情况而定，并且在接收以后）由于缺陷或损害而不能按照预定的目的进行使用，则业主有权要求延长工程或区段的缺陷通知期，推迟颁发证书。但缺陷通知期的延长不得超过2年。若认为剩余的工作无足轻重，则可以书面指示承包商必须在期满后的14天内完成，而后按期颁发证书。

合同内规定有分项移交工程时，工程师将颁发多个工程接收证书。但一个合同工程只颁发一个履约证书，即在最后一项移交工程的缺陷通知期满后颁发。较早到期的部分工程，通常以工程师向业主报送最终检验合格证明的形式说明该部分已通过了运行考验，并将副本送给承包商。

8.2.2 对工程质量的控制

1. 承包商的质量管理体系

通用条件规定，承包商应按照合同的要求建立一套质量保证体系，以保证符合合同要求。该体系应符合合同中规定的细节。工程师有权审查质量保证体系的任何方面。在每一个设计和实施阶段开始之前，均应将所有程序的细节和执行文件提交工程师，供其参考。任何具有技术特性的文件颁发给工程师时，必须有明显的证据表明承包商对该文件的事先批准。遵守该质量保证体系不应解除承包商依据合同具有的任何职责、义务和责任。

2. 施工放线

承包商应根据合同中规定的或工程师通知的原始基准点、基准线和参照标高对工程进行放线。承包商应对工程各部分的正确定位负责，并且矫正工程的位置、标高、尺寸或准线中出现的任何差错。

业主应对此类给定的或通知的参照项目的任何差错负责，但承包商在使用这些参照项目前应付出合理的努力去证实其准确性。若业主（工程师）提供了错误的数据信息，作为一个有经验的承包商无法合理发现并且无法避免有关延误和费用发生，则承包商可以向雇主索赔工期、费用和利润。

3. 对工艺、材料、设备的质量控制

（1）一般要求　承包商应以合同中规定的方法，按照公认的良好惯例，以恰当、熟练和谨慎的方式，使用适当装备的设施以及安全材料进行永久设备的制造、材料的制造和生产，并实施所有其他工程。

在工程中或为工程使用某种材料之前，承包商应向工程师提交以下材料：制造商的材料标准样本和合同中规定的样本（由承包商自费提供），以及工程师指示作为变更增加的样本等资料，以获得同意。每件样本都应标明其原产地以及在工程中的预期使用部位。

（2）对承包人施工设备的管理　合同条件规定承包商自有的施工机械、设备、临时工程和材料（不包括运送人员和材料的运输设备），一经运抵施工现场后，就被视为专门为本合同工程施工所用。没有工程师的同意，承包商不得将任何主要的承包商的设备移出现场。

某些使用台班数较少的施工机械在现场闲置期间，如果承包商的其他工程需要使用时，可以向工程师申请暂时运出。当工程师依据施工计划考虑该部分机械暂时不用同意运出时，应同时指示何时必须运回以保证本工程施工之用，并要求承包商遵照执行。对后期不再使用的设备，经工程师批准后，承包商可以提前撤出工地。

若工程师发现承包商使用的施工设备影响了工程进度或施工质量，则有权要求承包商增加或更换施工设备，由此增加的费用和工期延误责任由承包商承担。

（3）对工程质量的检查和检验

① 合同内没有规定的检查和试验。为了确保工程质量，合同明文规定要检验的均应检查，同时工程师还可以根据工程施工的进展情况和工程部位的重要性，进行合同没有规定的额外检查，即超出约定的检查。工程师有权要求对承包商采购的材料进行额外的物理、化学等试验；对已覆盖的工程进行重新剥露检查：对已完成的工程进行穿孔检查。检查的相关费用应由额外检查的结果来判定。若合格，则业主承担责任，不合格则承包商承担责任。

进行合同没有规定的额外检查属于承包商投标阶段不能合理预见的事件，如果检查合格，应根据具体情况给承包商以相应的费用和工期损失补偿。若检查不合格，承包商必须修复缺陷后在相同条件下进行重复检查直到合格为止，并由其承担额外的检查费用。

合同条件规定属于额外的检查包括：合同内没有指明或规定的检查；采用与合同规定不同的方法进行检查；在承包商有权控制的场所之外进行的检查（包括合同内规定的检验情况），如在工程师指定的检查机构进行。

② 隐蔽工程及其他部位的检查。任何一项隐蔽工程在隐蔽之前，承包商应及时通知工程师。工程师应随即进行审核、检查、测量，或立即通知承包商无须进行上述工作，不得无故拖延。如果承包商未发出此类通知而自行隐蔽的任何工程部位，工程师要求剥露或穿孔检查时，承包商应遵照执行。不论检查结果是否合格，均由承包商承担全部费用。

对于永久设备、材料及工程的其他部分检查，承包商应与工程师提前商定检查的时间和地点，并提供相关配合工作。若工程师参加检查，应在此时间前 24 小时告知承包商。

③ 检查不合格的处理与补救。在检查中若发现设备、材料、工艺有缺陷或不符合合同的要求，工程师可以要求承包商更换修改，承包商应按要求予以更换或修改，直到达到规定的要求。若承包商更换的材料或设备需重新检查的，应当重检，所需的检查费应由承包商承担。

对于检查过的材料、设备或工艺等，若事后工程师发现仍存在问题，则工程师有权做出指示，要求对此做出补救工作，若承包商不执行工程师的指示，业主可雇人来完成相关工作，此费用一般从承包商的保留金中支出。

这一“补救工作”的规定是国际工程中的典型规定，即工程师的认可和批准，不解除承包商的任何合同责任和义务。承包商是工程质量的第一创造者和责任人，应向业主提供符合合同约定的工程。

④ 工程师有关指示的执行。

承包商应执行工程师发布的与质量有关的指令。除了法律或客观上不可能实现的情况以外，不论工程师发布的有关工程质量指示的内容在合同内是否写明，承包商都应认真执行。例如，工程师为了探查地基覆盖层情况，要求承包商进行地质钻探或挖探坑。如果工程量清单中没有包括这项工作，则应按变更工作对待，承包商完成工作后有权获得相应补偿。

调查缺陷原因。从开工之日起到颁发工程接收证书之日止，承包商负有照管工程的责任。对于工程中出现的任何缺陷、收缩，或其他不合格之处，承包商有义务根据工程师的指示自费进行调查。除非缺陷原因属于业主应承担的风险、业主采购的材料不合格、其他非承包商施工造成的损害等，应由业主负责调查费用。办理工程移交时，工程的各方面均需达到合同规定的标准。对业主风险造成的损坏，尽管承包商不负责，但当工程师提出要求时仍应按指示修复缺陷，工程师也应批准给予相应的补偿。

在缺陷通知期内，业主对移交工程承担照管责任。承包商只对缺陷通知期内应继续完成扫尾或修补缺陷部分的工程，及该部分工程使用的材料和设备负有照管责任。只要不属于承包商使用有缺陷的材料或设备、施工工艺不合格，以及其他违约行为引起的缺陷责任，调查费用就应由业主承担。

承包商应将调查报告报送工程师，并抄送业主。调查费用由造成质量缺陷的责任方承担。

8.2.3　承包商对投资的控制

FIDIC施工合同中涉及费用管理的条款很多，归纳起来大致包括有关工程计量的规定、合同履行过程中的结算与支付规定、工程变更和调价时的结算与支付，索赔支付的规定等方面的内容。

1. 预付款

（1）动员预付款　在国际工程承包中，一般在项目施工的启动阶段承包商需要投入大笔的资金，为了帮助承包商解决启动资金的困难，业主可以从未来的工程款中提前支付一笔款项，此时的预付款又可称为动员预付款。

FIDIC施工合同通用条件对合同中是否一定包括预付款以及预付款金额的多少没有做出明确规定，但在应用指南中说明，如果业主同意给动员预付款的话，需在专用条件中详细列明支付和扣还的有关事项。

① 预付款的支付。预付款的数额由承包商在投标书内确认，一般在合同价的10%～15%范围内。承包商需首先将银行出具的预付款保函交给业主并通知工程师，在14天内工程师应签发“预付款支付证书”，业主按合同约定的数额和外币比例支付预付款。预付款保

函金额始终保持与预付款等额，即随着承包商对预付款的偿还逐渐递减保函金额。

② 预付款的扣还。预付款在分期支付工程进度款的支付证书中按百分比扣减的方式偿还。起扣：自承包商获得工程进度款累计总额（不包括预付款的支付和保留金的扣减）达到合同总价（减去暂列金额）10%的那个月起扣。

工程师签证累计支付款总额－预付款－已扣保留金接受的合同价－暂定金额＝10%

按照预付款的货币的种类及其比例，分期从每份支付证书中的数额（不包括预付款及保留金的扣减与偿还）中扣除25%，直至还清全部预付款

每次扣还金额＝(本次支付证书中承包商应获得的款额－本次应扣的保留金)×25%

若在整个工程的接收证书签发之前，或发生终止合同或发生不可抗力之前预付款还没有偿还完，承包商应立即偿还剩余部分。

（2）材料预付款　在FIDIC合同条件中，为了帮助承包商解决订购大宗材料和设备占用资金周转的困难，规定业主在一定条件下应向承包商支付材料和设备预付款。通用条件中规定，一般材料、设备的预支额度为其费用的80%。

① 预付材料款的支付。专用条款中规定的工程材料的采购满足以下条件后，承包商向工程师提交预付材料款的支付清单：材料的质量和储存条件符合技术条款的要求，材料已到达工地并经承包商和工程师共同验点入库，承包商按要求提交了订货单、收据价格证明文件(包括运至现场的费用)。

工程师核查承包商提交的证明材料后，按实际材料价乘以合同约定的百分比，签发付款文件并与进度款同期支付。

② 预付材料款的扣还。通用条款规定，当已预付款项的材料或设备用于永久工程，构成永久工程合同价格的一部分后，在承包商应得工程进度款内扣除预付的款项，扣除金额与预付金额的计算方法相同。在专用条款内也可以约定其他扣除方式。

2. 暂定金额

暂定金额是雇主的一笔备用资金，一般包含在承包商的投标报价中，成为其整个报价的一部分。每一笔暂定金额仅按照工程师的指示全部或部分地使用，并相应调整合同价格。支付给承包商的暂定金额仅应包括工程师指示的且与暂定金额有关的工作、供货或服务的款项。当工程师要求时，承包商应出示报价单、发票、凭证以及账单或收据，以示证明。

3. 计日工费

承包商在工程量清单的附件中，按工种或设备填报单价的日工劳务费和机械台班费，一般用于工程量清单中没有合适项目、数量少或偶然进行的不能安排大批量流水施工的零散工作，工程师可以下达变更指令，要求承包商在以日工计价的基础上实施此类工作。

订购工程所需货物时，承包商应向工程师提交报价。当申请支付时，承包商应提交此货物的发票、凭证以及账单或收据。

除了计日工报表中规定的不进行支付的任何项目以外，承包商应每日向工程师提交使用资源详细情况的准确报表，一式两份。工程师经过核实批准后在报表上签字，并将其中一份退还给承包商。承包商将它们纳入每月月末的期中支付证书申请中。

4. 保留金

保留金是按合同约定从承包商应得的工程进度款中相应扣减的一笔金额保留在业主手

中，作为约束承包商严格履行合同义务的措施之一。当承包商有一般违约行为使业主受到损失时，可从该项金额中直接扣除损害赔偿费。

（1）保留金的扣留　承包商在投标书附录中按招标文件提供的信息和要求确认了每次扣留保留金的百分比和保留金限额。每次月进度款支付时扣留的百分比一般为5%~10%，累计扣留的最高限额为合同价的2.5%~5%。

（2）保留金的返还　工程师颁发了整个工程的接收证书后，业主将保留金的一半支付给承包商。在缺陷通知期期满颁发履约证书后，退还剩余的保留金。

如果颁发的接收证书只是限于一个区段或工程的一部分，则应就相应百分比的保留金开具证书并给予支付。这个百分数应该是将估算的区段或部分的合同价值除以最终合同价格的估算值计算得出的比例的40%。在这个区段的缺陷通知期期满后，应立即就保留金的后一半的相应百分比开具证书并给予支付。这个百分数应该是将估算的区段或部分的合同价值除以最终合同价格的估算值计算得出的比例的40%。

5. 工程量计量

工程量清单中所列的工程量仅是对工程的估算量，不能作为承包商完成合同规定施工义务的结算依据。每次支付工程进度款前，均需通过测量来核实实际完成的工程量，以计量值作为支付依据。

测量应该是测量每部分永久工程的实际净值，测量方法应符合工程量表或其他适用报表。

当工程师要求对工程的任何部分进行测量时，应通知承包商代表，承包商代表应立即参加或派一名合格的代表协助工程师进行测量，并提供工程师所要求的全部详细资料。如果承包商未能参加或派出代表，则工程师单方面进行的测量应被视为该部分的准确计量。

6. 工程进度款支付

（1）承包商提供报表　承包商应按工程师批准的格式，在每个月末向工程师提交一式六份报表，详细说明承包商认为自己有权得到的款额，同时提交各证明文件。内容包括以下几个方面：

① 本月实施的永久工程价值。

② 工程量清单中列有的，包括临时工程、计日工费等任何项目应得款。

③ 预付的材料款。

④ 按合同约定方法计算的，因物价浮动而需增加的调价款。

⑤ 按合同有关条款约定，承包商有权获得的补偿款。

（2）工程师签证　在业主收到并批准了履约保证之后，工程师才能为任何付款开具支付证书。此后，在收到承包商的报表和证明文件后28天内，工程师应向业主签发期中支付证书，列出己方认为应支付承包商的金额，并提交详细的证明资料。

在颁发工程的接收证书之前，若被开具证书的净金额（在扣除保留金及其他应扣款额之后）少于投标函附录中规定的期中支付证书的最低限额（如有此规定时），工程师可不签发本月进度款的支付证书。在这种情况下，工程师要相应地通知承包商。

工程师可在任何支付证书中对任何以前的证书给予恰当的改正或修正。支付证书不应被视为是工程师接受、批准、同意或满意的意思表示。

（3）业主支付　业主应按期中支付证书中开具的款额，在工程师收到报表及证明文件之日起56天内给承包商付款。如果逾期支付，将按投标书附录约定的利率计算延期付款利息。

7. 因物价浮动的调价款

长期合同订有调价条款时，每次支付工程进度款均应按合同约定的方法计算价格调整费用。如果工程施工因承包商责任延误工期，则在合同约定的全部工程应竣工日后的施工期间，不再考虑价格调整，各项指数采用应竣工日当月所采用值；对不属于承包商责任的施工延期，在工程师批准的展延期限内仍应考虑价格调整。

8. 工程变更

在颁发工程接收证书前，工程师可通过发布指示或以要求承包商递交建议书的方式提出变更。变更可包括：

1）对合同中任何工作工程量的改变（此类改变并不一定必然构成变更）。

2）任何工作质量或其他特性上的变更。

3）工程任何部分标高、位置和（或）尺寸上的改变。

4）省略任何工作。

5）永久工程所必需的任何附加工作、永久设备、材料或服务，包括任何联合竣工检验、钻孔和其他检验，以及勘察工作。

6）工程实施顺序或时间安排的改变。

对于变更工作进行估价，如果工程师认为适当，可以使用工程量表中的费率和价格。如果合同中未包括适用于该变更工作的费率和价格，可在合理范围内以合同中的费率和价格为估价基础。变更工作的内容在工程量表中没有同类工作的费率和价格，要求工程师与业主、承包商协商后确定新的费率或价格。

9. 竣工报表与支付

在收到工程的接收证书后84天内，承包商应向工程师提交按其批准格式编制的竣工报表一式六份，并附支付证书申请要求的证明文件，详细说明如下问题：

1）到工程的接收证书注明的日期为止，根据合同所完成的所有工作的价值。

2）承包商认为应进一步支付给他的任何款项。

3）承包商认为根据合同将应支付给他的任何其他估算款额，估算款额应在此竣工报表中单独列出。

工程师接到竣工报表后，应对照竣工图进行工程量详细核算，对其他支付要求进行审查，然后再依据检查结果，在收到竣工报表后28天内签署竣工结算的支付证书。业主依据工程师的签证予以支付。

10. 最终结算

在颁发履约证书56天内，承包商应向工程师提交按其批准的格式编制的最终报表草案（一式六份），并附证明文件，详细说明根据合同所完成的所有工作的价值，以及承包商认为根据合同或其他规定应进一步支付给他的任何款项。

如果工程师不同意或不能证实该最终报表草案中的某一部分，承包商应根据工程师的合理要求提交进一步的资料，并就双方所达成的一致意见对草案进行修改。双方同意的报表被称为最终报表。随后，承包商应编制并向工程师提交双方同意的最终报表，同时还需向业主提交一份结清单，进一步证实最终报表中的支付总额，作为同意与业主终止合同关系的书面文件。工程师在接到最终报表和结清单附件后的28天内签发最终支付证书，业主应在收到证书后的56天内支付。只有当业主按照最终支付证书的金额予以支付并退还履约保函后，结清单才生效，承包商的索赔权也随即终止。

8.2.4 承包商对施工进度的控制

1. 开工

工程师应至少提前7天通知承包商开工日期。开工日期应在承包商接到中标函后的42天内。承包商应在开工日期后合理可行的情况下尽快开始实施工程，随后应迅速且毫不拖延地进行施工。

2. 进度计划

承包商在接到开工通知后28天内，应向工程师提交详细的进度计划。说明为完成施工任务而打算采用的施工方法、施工组织方案、进度计划安排，以及按季度列出根据合同预计应支付给承包商费用的资金估算表。在承包商将计划提交后的21天内，若工程师未提出需修改计划的通知，则认为该计划已被工程师认可。当原进度计划与实际进度或承包商的义务不符时，承包商还应提交一份修改过的进度计划。

为了便于工程师对合同的履行进行有效的监督和管理，协调各合同之间的配合，承包商每个月要向工程师提交进度报告，说明前一阶段的进度情况和施工中存在的问题，以及下一阶段的实施计划和准备采取的相应措施。

当工程师发现实际进度与计划进度严重偏离时，随时有权指示承包商编制改进的施工进度计划，并再次提交给工程师认可后执行，新进度计划将代替原来的计划。也允许在合同内明确规定，每隔一段时间（一般为3个月），承包商都要对施工计划进行一次修改并经过工程师认可。

按照合同条件的规定，不论因何方应承担责任的原因导致实际进度与计划进度不符，承包商都无权对修改进度计划的工作要求额外的费用。工程师对修改后进度计划的批准，并不免除承包商对进度计划本身缺陷所应承担的责任。

3. 暂停施工

工程师可随时指示承包商暂停进行部分或全部工程施工。暂停期间，承包商应保护、保管以及保障该部分或全部工程免遭任何损失或损害。工程师还应通知停工原因。

若工程师提出暂停施工的原因是业主或非承包商的原因，给承包商造成了工期和费用上的损失，业主应给予补偿。相反，若暂停施工是由承包商的原因造成的，则承包商得不到相应的补偿。

如果暂停已持续84天以上，承包商可要求工程师同意复工。若发出请求后28天内工程师未给予许可，则承包商可以把暂停影响到的工程视为变更和调整条款中所述的删减。如果此类暂停影响到整个工程，承包商可向业主提出终止合同的通知。

4. 追赶施工进度

当工程师认为整个工程或部分工程的施工进度滞后于合同内竣工要求的时间时，可以下达赶工指示。承包商应立即采取经工程师同意的必要措施加快施工进度。发生这种情况时，也要根据赶工指令的发布原因，决定承包商的赶工措施是否应该给予补偿。在承包商没有合理理由延长工期的情况下，若导致业主产生了附加费用，承包商除向业主支付误期损害赔偿费（如有时）外，还应支付该笔附加费用。

8.3 FIDIC施工合同条件案例分析

【案例8-1】

在一国际工程中，按合同规定的总工期计划应于××年×月×日开始现场搅拌混凝土。由于承包商的混凝土拌和设备迟迟运不上工地，因此承包商决定使用商品混凝土，但被业主否决。而在承包合同中未明确规定使用何种混凝土。承包商不得已，只有继续组织设备进场，由此导致施工现场停工、工期拖延和费用增加。对此，承包商提出工期和费用索赔。而业主以如下两点理由否定了承包商的索赔要求：

① 已批准的施工进度计划中规定承包商用现场搅拌的混凝土，承包商应遵守。

② 拌和设备运不上工地是承包商的失误，因此无权要求赔偿。最终将争执提交给了调解人。

【案例解析】

调解人认为，因为合同中未明确规定一定要用工地现场搅拌的混凝土（施工方案不是合同文件），则商品混凝土只要符合合同规定的质量标准也可以使用，不必经业主批准。因为按照惯例，实施工程的方法由承包商负责，其在不影响或为了更好地保证合同总目标的前提下，可以选择更为经济合理的施工方案，业主不得随便干预。在此前提下，业主拒绝承包商使用商品混凝土是一个变更指令，对此可以进行工期和费用索赔。但该项索赔必须在合同规定的索赔有效期内提出。最终，承包商获得了工期和费用补偿。

【案例8-2】

2000年5月，中国水利电力对外有限公司与毛里求斯公共事业部污水局签订了承建毛里求斯扬水干管项目的合同。该项目由世界银行和毛里求斯政府联合出资，合同金额为477万美元，工期两年，工程监理方为英国GIBB公司。该项目采用的是FIDIC合同条款。

中国水利电力对外公司：按照该项目的合同条款的规定，用于项目施工的进口材料可以免除关税，我方认为油料也是进口施工材料，据此向业主申请油料的免税证明，但毛里求斯财政部却以柴油等油料可以在当地采购为由拒绝签发免税证明。我方对合同条款进行了仔细研究，认为这与合同的规定不相一致，因此提出索赔，要求业主补偿油料进口的关税。

【案例解析】

1. 索赔通知

按照 FIDIC 条款第 53. 1 条的规定，如果承包商决定根据合同某一个条款要求业主支付额外费用（即向业主提出索赔），承包商应在这个事件最初发生之日起的 28 天内，通知监理工程师承包商将提出索赔要求，并将该通知抄送业主。

我方按照上述规定，在 2000 年 9 月 15 日正式致函工程监理方，就油料关税提出索赔，索赔报告将在随后递交，并将该函抄送了业主。

2. 索赔记录

按照 FDIC 条款第 53. 2 的规定，在递交了索赔通知之后，承包商应将与该索赔事件有关的、必要的事项记录在案，以作为索赔的依据或证据。而监理工程师在收到索赔通知后，不论业主是否对该项目的索赔承担责任，都要检查这些记录并且可以指示承包商记录他认为合理且重要的其他事项。

因此，我方在每月的月初向监理工程师递交上个月实际采购油料的种类和数量，并将有我方与供货商双方签字的交货单复印后附上，以便作为计算油料关税金额的依据。监理工程师肯定了我方的做法，要求我方继续记录并按月上报。

3. 索赔报告

按照 FIDIC 合同条款 53. 3 的规定，在递交索赔通知的 28 天或工程监理方认为合理的期限内，承包商应该将每一项索赔金额的详细计算过程和所依据的理由递交给工程监理方并抄送给业主。在索赔事件对承包商的影响没有终止之前，这个索赔金额应该被认为是一个时段的索赔金额，承包商应该按照工程监理方的要求，继续递交各个时段的索赔金额以及计算这些金额所依据的理由。承包商应该在索赔事件结束后的 28 天内递交最终的索赔金额。索赔报告的关键是索赔所依据的理由。只有在索赔报告中明确说明该项索赔是依据合同条款中的某一条某一款，才能使业主和监理工程师信服。为此，我方项目经理部仔细研究了合同条款。

合同条款第二部分特殊条款第 73. 2 条规定：凡用于工程施工的进口材料可以免除关税。而对进口材料所做的定义是：

1）当地不能生产的材料。

2）当地生产的材料不能满足技术规范的要求，需要从国外进口。

3）当地生产的材料数量有限，不能满足施工进度的要求，需从国外进口。

我方提出索赔的第一个理由是：油料是该项目施工所必需的，而且毛里求斯是一个岛国，既没有油田也没有炼油厂，所需的油料全部是进口的，因此油料应该和该项目其他进口材料，如管道、结构钢材等材料一样，享受免税待遇，而毛里求斯财政部将油料作为当地材料是不符合合同条款的。其次，我方从其他在毛里求斯的中国公司那里了解到，毛里求斯财政部曾为刚刚完工的中国政府贷款项目签发过柴油免税证明，这说明有这样的先例，我方将毛里求斯财政部给这个项目签发的免税证明复印件也作为证据附在了索赔报告之后。

对于索赔金额的计算，关键在于确定油料的数量和关税税率。如前所述，我方将每一个月项目施工实际使用的油料种类和数量清单都已上报工程监理方，这个数量工程监理方是认可的。关税税率则是按照毛里求斯政府颁布的关税税率计算，再加上我方的管理费，计算得出索赔金额。关税税率的复印件也作为索赔证据附在索赔报告之后。

4. 工程师的批复意见

工程监理方在审议了我方的索赔报告后，正式来函说明了他们的意见，并将该函抄送业主。他们认为免税进口材料必须满足两个要求：

1）材料必须用于该项目的施工。

2）材料不是当地生产的。

监理工程师认为油料完全满足以上两个条件，因而承包商有权根据合同条款申请免税进口油料。

5. 业主的批复意见

业主在审议了我方的索赔报告和工程师的批复意见后，仍然坚持他们的意见，认为油料是当地材料，拒绝支付索赔的油料关税金额。

至此，由于与业主不能达成一致意见，这个索赔变成了与业主之间的争议，也就进入了争议解决程序。

6. 解决争议的第一步——请求监理工程师裁决

FIDIC 条款中对业主和承包商之间所发生争议的解决办法和程序做了明确的规定。FIDIC 条款第 67.1 条规定：如果业主和工程师之间发生了与合同或者是合同实施有关的，或者是合同和合同实施之外的争议，包括对工程师的观点、指示、决定、签发的单据证书以及单价的确定引起的争议，不论这些争议发生在施工过程中还是工程完工之后，也不论是在放弃或终止合同之前还是之后，都应该首先致函工程监理方，并抄送对方，请求工程监理方就此争议进行裁决。工程监理方应该在收到请求之日起的 84 天内，将其裁决结果通知业主和承包商。

FIDIC 条款第 67.1 条还规定：如果业主或者承包商不满意监理工程师的裁决结果，不满意裁决结果的一方决定将此争议提请法庭仲裁，那么在收到裁决结果的 70 天内，不满意裁决结果的一方应将这个决定书面通知对方并抄送给工程师。还有一种情况是监理工程师没有在规定的时间内将裁决结果通知业主和承包商，如果业主或者承包商有一方打算将此争议提请法庭仲裁，那么他应在 84 天的期限到期之后的 70 天内，将自己的决定通知对方并抄送工程监理方。如果在收到工程监理方的裁决之后的 70 天内，业主和承包商都没有通知工程监理方而打算就此争议提请法庭仲裁，那么工程监理方的裁决就是最终裁决，对业主和承包商都有约束力。

按照以上合同条款的规定，我方在 2001 年 2 月 26 日致函工程监理方并抄送业主，要求就油料免税事宜请工程监理方做出裁决。按照合同规定，工程监理方应该将裁决结果在 84 天内，即 2001 年 5 月 20 日之前通知业主和我方。

2001年5月16日，我方收到了工程监理方的裁决结果。在裁决书中，工程监理方首先声明裁决是根据合同条款第67.1条的规定和承包商的要求做出的，并且叙述了索赔的背景和涉及的合同条款，简要回顾了在索赔过程中承包商、工程监理方和业主在往来信函中各自所持的观点。最后监理方得出了以下四点结论：

1）柴油、润滑油和其他石油制品不是当地生产的，因此，按照合同条款第73.2条的规定，只要是用于该项目施工的油料，在进口时就应该免除关税。

2）免除关税只适用于在进口之前明确标明专为承包商进口的油料，承包商在当地采购的已经进口到毛里求斯的油料不能免除关税。

3）毛里求斯财政部的免税规定与合同有冲突，承包商应该得到关税补偿，补偿金额从承包商应该得到免税证明之日算起。

4）在同等条件下，财政部已经有签发过柴油免税证明的先例。

根据以上结论，工程监理方做出了如下的裁决：根据合同条款的规定，承包商有权安排免税进口用于该项目施工所需的柴油和润滑油，因此，承包商应该得到进口油料的关税补偿。补偿期限从2000年10月22日开始（我方申请后应该得到免税证明的时间，业主及财政部的批复期限按两个月计算）到该项目施工结束。

从该裁决结果可以看出，监理工程师确实是站在公正、中立的立场上做出了他们的裁决，这个裁决结果对我方十分有利。

尽管监理工程师做出了明确的裁决，但业主仍然致函工程监理方，表示对工程监理方的裁决不满意。

鉴于这种结果，经过项目经理部内部讨论并请示公司总部，考虑到该项目的油料用量不大，索赔金额有限（约15万美元），如果提请法庭仲裁，不但今后会影响我公司业务的开展，而且开庭时还要支付律师费用，即使打赢这场官司，索赔回来的钱扣除律师费用后也所剩无几，因此决定不提出法庭仲裁，但争取能够与业主友好协商解决。

7. 解决争议的第二步——业主和承包商友好协商解决

FIDIC条款第67.2条规定：当业主或承包商有一方按照FIDIC条款67.1条规定通知对方打算通过法庭仲裁的办法解决分歧时，在开始法庭仲裁之前，双方应该努力通过友好协商的办法解决该争议。除非双方协商一致，而且不论是否打算友好协商解决该争议，法庭仲裁都应该在给对方发出法庭仲裁通知的56天之后开始。

这条规定说明，在法庭仲裁之前，有56天的时间由双方友好协商解决该争议。在此期间，我方多方面地做了业主的工作，业主友好地表示可以增加一些额外工程，但对该项索赔他们也无能为力，问题的关键在于毛里求斯财政部不同意签发免税证明。在这种情况下，该争议没有能够进行友好协商解决。在56天到期之后，我方正式致函业主，我方放弃法庭仲裁。

8. 解决争议的第三步——法庭仲裁

按照FIDIC条款第67.3条的规定：当争议的双方有一方不服从监理工程师按照FIDIC条款67.1规定所做的裁决，或者双方没有能够按照FIDIC条款67.2规定通过友好协商达成协议，那么除非合同另有规定，否则这个争议应该按照国际商业仲裁调解法则，并且由按照该法则指定的一个或多个仲裁员裁决，这个裁决将是最终裁决。仲裁员有权打开、审查和修改工程师所做出的、与该争议有关的任何决定、判断、指令、裁决、单证以及确定的价格。

该条款还规定：争议的双方在法庭仲裁过程中可以不受为工程监理方做出裁决而提供的证据、论点的限制，监理工程师所做的裁决也不能使监理工程师失去在法庭上被请求作为证人或提供证据的资格。法庭仲裁可以在项目完工之前进行，也可以在项目完工之后进行，但不论在何时进行，业主、监理工程师和承包商的义务和职责都不能因为法庭仲裁而改变。

由此可以看出，业主和承包商之间的争议最终解决办法是法庭仲裁。法庭仲裁往往会花费很长的时间，而且争议双方为了赢得官司，都要请最好的律师，而律师费用也是一笔不小的开支。因此，在打算与业主对簿公堂之前，一定要慎重考虑。综上所述，从该项目的油料关税索赔几乎完整的索赔过程可以看出，一次完整的工程索赔实际上包含了业主和承包商之间争议的解决过程。而在国际承包项目的实施过程中，如果业主和承包商之间有利益冲突，业主总是想用最少的投资在最短的时间内完成一个工程，而承包商在实施这个工程时总是想用最小的投入赚取最大的利润，因此二者之间绝大多数的争议还是由索赔引起的。

在国际项目的执行过程中，由于我国许多承包商不熟悉 FIDIC 条款的索赔程序和争议解决程序，往往是提出了索赔，而且索赔也有理有据，但一旦业主拒绝了索赔要求，承包商也就放弃了索赔，没有请求工程师裁决或提出法庭仲裁，因而损失惨重。

实际上，绝大多数的工程监理公司是十分注重自己形象的，如果承包商请求监理工程师裁决的话，他们都是非常重视且非常公正的，这是因为业主和承包商之间的争议有可能通过法庭仲裁来解决，如果作为仲裁员工程监理方的裁决不公正，有偏袒业主或承包商的行为，也就损害了其自身的形象。

另外，一旦承包商就某一争议提请法庭仲裁，业主作为被告也需要花费人力和物力准备答辩材料，聘请律师。如果输了官司，业主就得支付所有的索赔费用以及由此引起的承包商的其他损失，从这个角度来说，业主也不愿意将争议诉诸法庭。

因此，对于金额较大的索赔或者与业主的争议，承包商应该依靠合同文件，以不惜诉诸法庭的勇气和决心来坚决捍卫自己应得的权益。实际上，如果业主发现承包商熟悉合同条款，索赔有理有据，业主为了避免法庭仲裁败诉给自己造成额外的经济损失，一般都会严格履行合同。

复习思考与练习

一、简答题

1. FIDIC 施工合同条件下的合同文件有哪些？解释顺序是怎样的？

2. FIDIC 施工合同条件下工程师颁发的证书有哪些？如何颁发？

3. 指定分包商与一般分包商的区别有哪些？

4. FIDIC 施工合同条件中对质量控制有哪些规定？

5. FIDIC 施工合同条件中对投资控制有哪些规定？

6. FIDIC 施工合同条件中对进度控制有哪些规定？

二、项目实训

某高速公路项目利用世界银行贷款修建，施工合同采用 FIDIC 合同条件，有工程师代表业主对项目实施管理。该工程在施工过程中陆续发生了如下索赔事件（索赔工期与费用数据均符合实际）。

1）施工期间，承包方发现施工图纸有误，需设计单位进行修改。由于图纸修改造成停工 20 天。承包方提出工程延期 20 天与费用补偿 10 万元。

2）施工期间下雨，为保证路基工程填筑质量，工程师下达了暂停施工令，共停工 10 天，其中连续 4 天出现低于工程所在地雨季平均降雨量的雨天气候，连续 6 天出现 50 年一遇的特大暴雨。承包方提出工程延期 10 天与费用补偿 10 万元。

3）施工过程中，现场周围居民称承包方的施工噪声对居民生活造成了干扰，阻止承包方的混凝土浇筑工作。承包方提出工程延期 5 天与费用补偿 5 万元。

4）由于业主要求，在原设计中的一座互通式立交桥的设计长度增加了 5 米，工程师向承包方下达了变更指令。承包方收到变更指令后，及时向该桥的分包单位发出了变更通知。分包单位及时向承包方提出了索赔报告，内容如下：

① 由于增加立交桥长度产生的费用 30 万元和分包合同工期延长 30 天的索赔。

② 此设计变更前因承包方使用而未按分包合同约定提供的施工场地，导致工程材料到场二次倒运增加的费用 1 万元和分包合同工期延期 10 天的索赔。承包方以已向分包单位支付索赔款 21 万元的凭证为索赔依据，向工程师提出要求补偿该笔费用 21 万元和延长工期 40 天。

5）由于某路段路基基底是淤泥，根据设计要求需换填，招标文件中也已提供了地质技术资料。承包方原计划使用隧道出渣作为填料换填，但施工中发现隧道出渣级配不符合实际要求，需进一步破碎以达到级配要求。承包方认为施工费用高出合同单价，如仍按原价支付是不合理的，需另外给予延期 20 天和费用补偿 40 万元的要求。

问题：

1. 判定承包人索赔成立的条件有哪些？

2. 工程师如何签署上述索赔意见？

参考文献

[1] 全国监理工程师培训考试教材编写委员会. 建筑工程合同管理［M］. 北京：知识产权出版社，2009.
[2] 何伯森. 国际工程承包［M］. 北京：中国建筑工业出版社，2000.
[3] 中国工程咨询协会. 施工合同条件［M］. 北京：机械工业出版社，2002.
[4] 佘立中. 建设工程合同管理［M］. 广州：华南理工大学出版社，2001.
[5] 田恒久. 工程招投标与合同管理［M］. 2版. 北京：中国电力出版社，2008.
[6] 朱永祥，陈茂明. 工程招投标与合同管理［M］. 武汉：武汉理工大学出版社，2008.
[7] 胡文发. 工程招投标与案例［M］. 北京：化学工业出版社，2008.
[8] 张国华. 建设工程招标投标实务［M］. 北京：中国建筑工业出版社，2005.
[9] 任志涛. 工程招投标与合同管理［M］. 北京：电子工业出版社，2009.
[10] 陈正，陈志刚. 建设工程招投标与合同管理实务［M］. 北京：电子工业出版社，2006.
[11] 国际咨询工程师联合会，中国工程咨询协会. 菲迪克（FIDIC）合同指南［M］. 北京：机械工业出版社，2003.